生活感 Silver Clay
純銀手作

淨教你作
41件有故事‧有溫度的自然風銀飾

一起以銀說有溫度的生活故事

原以為出版銀黏土手作書是一個遙不可及的夢想,當機會倏地來到眼前時,驚訝和不安真是遠遠大過於喜悅。驚訝著自己的創作竟然有人看見,還願意出版成冊;同時,也不安著到底自己能帶給讀者些什麼?

書籍出版這數年間,在銀黏土創作和教學上獲得很多的迴響,雖然期間變身成為媽媽,但喜愛銀黏土創作的心從沒改變。

「好想讓大家知道銀黏土有多好玩!」
「銀飾手作不是冰冷冷的飾品,而是有感情、有故事、有溫度的啊!」
「銀黏土創作也可以融入生活中,讓生活更添趣味和美好。」
這樣的心情與想法,也依然未改變。

因此,新增了六件作品的增訂版仍維持原書的方向,那就是「生活化」。

當年我是個從辦公室走進廚房的人,我的每一個創作幾乎都在廚房的餐桌上完成。就像我一樣,你不需要走進工廠,也不需要獨特的空間或工作檯!有張桌子、簡單的基礎工具、搭配生活中隨手可及的小物品,就可以開始玩銀黏土。連作品最後的燒成,都是靠廚房裡的瓦斯爐就可以完成囉!

真的!「銀黏土創作」就是這麼簡單。

至於作品設計的發想,當然也來自生活。別擔心自己不是學設計的人,因為,我也不是!我相信只要是自己真心喜歡的元素、用心地作出來,真誠的作品自然會感動人心!

書中許多作品的創作靈感,就是來自廚房裡、生活中常見的物品!所以,只要張大眼睛去觀察、用心感受,設計的靈感和巧思,就藏在生活中,等待你去發覺。

我希望從廚房出發，讓更多人感受銀黏土創作的樂趣。

而你，也可以開始讓腦袋裡天馬行空的想像，帶領雙手自由地飛翔！試著運用書中的基礎技巧，或擀平，或捏塑，搓個條狀，壓印些條紋和點點，讓想像成真，變成迷人的飾品。剛開始，也許技巧不純熟，但樸拙的作品有時反而饒富趣味、別具風格，而且，還更加有手工的溫暖觸感呢！

一起來玩銀黏土吧！

銀黏土不是我發明的，我也不是台灣第一個玩銀黏土的人！技巧厲害的前輩、創作風格獨特的新手比比皆是。我只是有一顆喜歡分享的心。

若是書中有某件作品能激起你「來作看看吧！」的欲望，那我就心滿意足了。

在創作的過程中，如果你有更好的想法、更順手的步驟，請盡量去嘗試看看，不必侷限於書中的作法。

希望藉由這本書，讓更多的人注意到銀黏土，喜歡上這個獨特的素材，進而享受銀黏土手作的自由感及樂趣。

更重要的是感謝支持《生活感。純銀手作》的每一位購書者，期望新的增訂版能激起大家更多創作的欲望。

Contents 目錄

貓頭鷹
17/p.51

少女花環
18/p.52

ㄅㄆㄇ
19/p.53

Talking Bubbles
20/p.54

豌豆莢
21/p.55

小雪人先生
22/p.56

提花籐籃
23/p.57

含苞玫瑰
24/p.58

西洋梨
25/p.59

杯子蛋糕
26/p.60

復古吊燈
27/p.61

泡泡澎球
28/p.62

魔女的掃帚
29/p.63

蘋果樹
30/p.64

檸檬樹
31/p.65

花間小鳥
32/p.66

童話小屋

33/p.67

水花

34/p.68

中式糕餅

35/p.69

德國結餅乾　NEW

36/p.70

小剪刀　NEW

37/p.71

刺蝟先生　NEW

38/p.72

貓掌戒　NEW

39/p.73

甜蜜巧克力　NEW

40/p.74

拇指麋鹿　NEW

41/p.75

認識銀黏土
&製作技巧

關於銀黏土

到底銀黏土是什麼呢？
銀黏土究竟是銀？還是土？
在開始動手作之前，先來了解這個新奇的素材吧！

> 「銀黏土＝99.9％ 銀粉 ＋ 0.1％ 水&結合劑」

銀黏土，正式的名稱是「純銀藝術黏土」。在國外則稱為Art Clay Silver／Silver Clay／Metal Clay。

銀黏土的主要成分是極細的純銀粉末，加上水及無毒有機的結合劑，形成柔軟的黏土狀。而其中的銀粉則是回收自舊銀，例如：X光片或底片上的感光劑、假牙、ＩＣ電路板上的貴金屬等，經過精煉處理後，再生再利用，是一種相當環保的素材。

銀黏土屬於金屬加工法中的粉末冶金，也就是利用高溫將細微的金屬粉末壓縮融結成固態金屬。所以，銀黏土造型完成後，經由乾燥、高溫火燒的過程，去除掉水和結合劑，便形成純度999的純銀製品。

因此，正確地說，銀黏土是以黏土形式存在的銀。

本書中所有作品所使用的銀黏土，乃生產自日本相田化學工業株式會社。創立於1963年的相田化工原本就在經營貴金屬回收、精製及買賣的事業，1995年首度研發出銀黏土，並且，開始販售銀黏土及推廣銀黏土手作工藝。

台灣則是在1999年由銀彩有限公司（銀彩俱樂部）引進這項新素材。算一算，這項新的手作工藝在台灣已經發展了十多年。

◆銀黏土的種類

書中作品主要使用到的銀黏土種類有黏土型黏土、膏狀型黏土、針筒型黏土。

◎ 黏土型黏土

過去銀黏土有一般型、低溫型和保濕型黏土，這三種的材質成份都一樣，只是乾燥、燒成的溫度和時間略有不同，使用時請參考材料裡所附說明書指示。

近年來，相田銀黏土不斷地改良、更新，讓新款銀黏土變得更容易操作使用。即便是初次接觸也能很快上手，十分便利。

◎ 膏狀型黏土

可用來黏接已乾燥的銀土，或填補裂紋和坑洞，當然也可用以在製作紋理和造型上。

◎ 針筒型黏土

利用針筒和粗細不同的塑膠針頭，將濕軟的銀黏土擠壓出細緻的立體線條。

除了以上這幾種常用的種類，還有防硫化型銀黏土、油性銀黏土、紙型銀黏土、22k金黏土、輕量型銀黏土、銅黏土，這麼多不同的種類可以讓創作更加豐富。但因本書中的作品燒成皆使用瓦斯爐，受限於溫度控制的因素，無法使用這些種類的金屬黏土，在此就不多介紹了。

◆銀黏土的特性

1.柔軟易塑型。
2.容易乾燥。
3.即使已完全乾燥，只要未經高溫火燒成，仍可加水軟化，還原成黏土狀。
4.燒成後整體長度會收縮10%。

◆銀黏土的保存及回收

銀黏土的主要成份畢竟是貴金屬「銀」，相較於其他的手作，材料費用自然較高。但是，成品價值也更勝於其他手作品。我們除了可以在造型設計上多花巧思，以提升作品的價值外，學習如何回收和保存銀黏土，確實利用每一分材料，也是保護荷包的好方法喔！

◎以保鮮膜、濕紙巾、夾鏈袋保存

因造型或材料需求多寡不同，偶爾難免會剩餘一些銀黏土，這些少量的、未用完的銀土，務必立即以保鮮膜包好，再用乾淨的濕紙巾包於保鮮膜外，裝入夾鏈袋內，放於陰涼處，以備下次創作時使用。

Tips

雖有濕紙巾及夾鏈袋保濕封存，但袋中水分仍會隨著時間漸漸減少，最後導致銀黏土乾硬。因此，收集起來的小塊餘土，請務必儘早與新開封的銀黏土揉合使用。

◎沾於濕紙巾上的銀土回收

外出教學時，我常跟學生笑說，濕紙巾是銀黏土的好朋友！因為，在銀黏土創作中，濕紙巾的確是不容或缺的協助用具。不僅可用來保濕、擦拭手上或烘焙紙上沾粘的銀土，還可以修飾乾燥後的作品表面，真是用途多多！但擦拭後、沾滿銀黏土的濕紙巾又該如何回收處理呢？

Step1

首先，請把用過的濕紙巾晾乾後保存，累積數量夠多時，再一次進行回收的處理。

Step2

準備一個不鏽鋼盆或不用的玻璃／瓷器大碗，裝入清水，把回收的紙巾一一放入盆中揉洗，洗下紙巾上沾粘的銀土後，舊紙巾即可丟棄。

Step2

Step3

盆中的水靜置一段時間，待濁水裡的銀粉全部沉澱至盆底，再輕輕、緩慢地將上層的清水倒掉，留下盆底泥狀的銀土。

Step3

將盆底的泥狀土倒入膏狀銀黏土的瓶罐裡，回收再利用。

切勿將潮濕的濕紙巾裝袋回收，因為，幾乎所有的濕紙巾都擦拭過手，如果在潮濕情況下就收起來，容易發霉。

Step4

◎保鮮膜上沾黏的屑屑、銼刀修磨下來的銀粉也不可浪費！

揉捏過銀黏土的保鮮膜，多少都會沾黏一些銀土，只要將用過的保鮮膜攤平，幾分鐘後上頭沾黏的銀土屑就會變乾，用手指輕彈保鮮膜、敲落屑屑於烘焙紙上，再回收到小罐子裡即可。

在作品修磨的過程中，一定會有部分銀土被銼刀磨成細粉落下。所以，修磨作品時，工作檯上請鋪上烘焙紙以方便承接，好把磨下的細粉回收到罐中。回收前，請先仔細檢查、確認無雜質後，再裝進罐內！

用完的膏狀銀黏土，可留下一兩個空罐來裝回收的銀粉。回收來的細微銀粉，累積至足夠分量後，可慢慢加水調和成膏狀銀黏土，或直接攪和入膏狀銀黏土中一併使用。

◎乾燥銀黏土的復原

哎呀！拆封未用完的銀黏土放到乾掉啦！硬梆梆的土塊還能用嗎？

當然能用！再次提醒大家，只要未經過高溫火燒的銀黏土，既使硬得像石頭，也還是可以還原成柔軟的黏土狀，可千萬別心灰意冷，就拿去丟掉喔！

準備保鮮膜，對摺成兩層使用（揉土時保鮮膜較不易破），把乾掉的銀土放在保鮮膜中間，視乾土塊大小，滴上兩、三滴水，以保鮮膜將沾濕的土塊包起來，外面再包覆一張濕紙巾，靜置待硬土塊吸收水分到稍微軟化，再隔著保鮮膜，使用塑膠滾筒擀壓銀土，盡可能壓平，好讓整塊土都能平均吸收到水分。一邊慢慢加水，一邊揉捏，再擀平，再加水揉捏，直到銀土回復到原來柔軟黏土狀。

要從完全乾硬回復到柔軟黏土狀，的確相當耗費體力和時間。過程雖然枯燥，但請不要放棄，多重覆加水揉土的動作，柔軟的銀黏土很快就會再現。如果實在不想經歷這種「磨練」，那只有做好銀黏土的保濕和保存囉！

道具・工具

銀黏土創作需要準備很多道工具？
沒有專業的工具就不能玩銀黏土嗎？

　　銀黏土創作中最重要的必備工具，就是「雙手」。

　　靠著雙手，就能輕鬆捏塑、變化出許多美麗的作品。但是，即使雙手萬能，工欲善其事，還得先利其器！如能依創作的需要、準備些基礎工具在手邊，那麼，創作時便能更細緻、更精確地完成心中的想法唷！

基礎道具・工具	用途	替用品
❶ 切割墊板	保護桌面，作為工作檯用。	厚度0.5mm以上的橡膠軟墊皆可。
❷ 純銀專用紙	墊於切割墊板上，表面光滑，方便取下造型好的銀黏土，可防止銀黏土沾黏在桌面或墊板上。	*烘焙用料理紙（建議使用：妙潔料理紙。有些廠牌過於油滑，反而不好使用。） *不可使用描圖紙！（描圖紙會吸水，銀黏土會黏著，無法取下。）
❸ 橡膠台	作品乾燥後，用以墊高作品，方便修磨。	
❹ 銼刀	四支一組，有平板狀、半圓弧狀、圓柱狀、三角柱狀，方便修整作品。（最常使用的是半圓弧狀銼刀，如不想購買太多工具，只準備這支也可。）	
❺ 水筆	沾水、沾膏狀銀黏土用。	水彩筆： *圓頭＃0至＃6各一支／扁頭＃0號或＃8一支即可。 *建議使用尼龍毛材質的水彩筆，具有彈性、不易掉毛，在用膏狀土修補時比較好用。

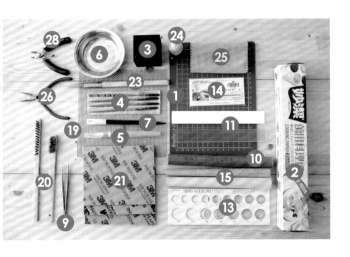

基礎道具・工具	用途	替用品
⑥ 水碟	裝水或調和膏狀土。	廣口淺盤，材質不限。
⑦ 筆刀	可用來切割圖案紙型、切割擀平的片狀銀黏土或雕刻花紋。	在切割銀黏土或雕刻花紋上，可以手縫針／珠針代替。
⑧ 造型刮板	超薄不鏽鋼片，用於切割銀黏土，可直線切割或彎曲切割。（此工具頗鋒利，使用時請小心割傷！）	筆刀／珠針／手縫針
⑨ 鑷子	夾取合成寶石、金具等小物品，也可於銀黏土上製作花樣。	
⑩ 塑膠滾筒	搭配壓克力厚尺使用，可將銀黏土擀成均等的薄片狀。	表面光滑的水管、壓克力管狀物也可。
⑪ 壓克力厚尺 （0.5 mm／1mm／1.5 mm）	兩片一組，搭配塑膠滾筒使用，視造型需要，使用不同厚度的厚尺，可將銀黏土擀成不同厚度的片狀。	可選擇不同厚度的硬紙卡切成長條狀使用，但紙卡使用多次後厚度會變薄。
⑫ 刀勺兩用器	可協助細部雕塑，或修補縫隙和刮除多餘的銀土。	兒童黏土雕塑用具，材質不限（塑膠較佳）。

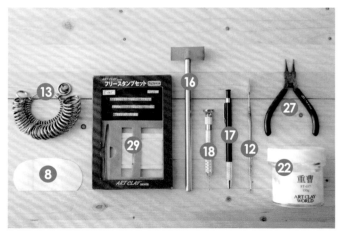

基礎道具・工具	用途	替用品
⑬ 戒圍量圈紙卡（見P.15） 戒圍量圈（見P.16）	製作戒指時使用於測量指圍，為日本戒圍。屬消耗品，卡紙會因使用頻繁或不當使用，而失去準度。也有不鏽鋼材質量圈工具可選用。	
⑭ 量圈紙	作戒指時的底紙，主要方便戒指乾燥後從木芯棒上取下，以免銀黏土黏著於木芯棒上。 已標示好戒圍、畫好中心線的量圈紙，與木芯棒搭配使用，製作戒指時，戒圍更準確。	長條狀便利貼紙
⑮ 木芯棒	製作戒指用。	
⑯ 橡膠槌	槌子部分為橡膠製，可敲整彎翹、變形的作品，不會傷及銀飾表面。	
⑰ 雕刻筆	用於作品乾燥後雕刻花紋、文字。	可用手縫針和珠針雕刻，但需於銀黏土未乾燥前。
⑱ 鑽頭夾鉗組 （常用1.0／1.5mm鑽頭）	可於作品乾燥後或燒成後鑽孔。	銀黏土乾燥前可用牙籤鑽孔。銀黏土乾燥後，可用圓柱狀銼刀鑽孔。
⑲ 不鏽鋼燒成網	置於瓦斯爐上燒成作品用。	

基礎道具・工具	用途	替用品
⑳ 鋼刷	用於作品燒成後，刷除作品表面上的白色結晶。分長毛和短毛兩種，長毛鋼刷適用於較立體、結構空隙多的作品，短毛鋼刷則特別便利於刷戒指內圈時使用。	便宜的銅刷也可代替，但刷過的表面，刮痕較明顯。
㉑ 海綿砂紙	作品燒成後，後續拋光研磨用，有紅藍綠三色，砂紙係數為＃600～＃1200。	一般紙型砂紙（＃600～＃1200）
㉒ 重曹	用於砂紙研磨後，洗清毛細孔內堆積的研磨粉末及作品表面的油／汗漬，讓作品更為光亮，硫化效果更明顯。	也就是市售的小蘇打粉。
㉓ 瑪瑙刀	拋光（做鏡面效果處理）。	
㉔ 硫磺原液	硫化（做特殊硫黑效果）。	
㉕ 拭銀布	擦拭銀飾用，可去除因時間而產生的硫化變色，使銀飾恢復光亮。	
㉖ 尖嘴鉗	安裝金具、夾取小零件用。	
㉗ 圓嘴鉗	適用於轉9字針和T字針。	
㉘ 斜口剪鉗	用於剪開鍊子、銀線、金具等。	
㉙ 銀黏土專用字母印章	於銀黏土上蓋印字母。	一般橡皮圖章
㉚ 戒圍鋼棒	棒上標示著日規戒圍尺寸，待戒指燒成後測量戒圍正確與否用。並可搭配橡膠槌，將變形的戒圍敲圓。	如果只是敲整用，可購買便宜、無標示戒圍尺寸的台製白鐵戒棒替用。

其他必要的協助用具

● 濕紙巾：在搓揉銀黏土成型時，用來保持手指濕潤，以免銀土乾裂；若臨時需要短時間暫停製作時，可先覆蓋於未乾的作品上保濕；另外，未用完的銀黏土可先以保鮮膜包覆，再以濕紙巾包起來，裝入夾鏈袋保存。

● 保鮮膜：揉捏銀黏土及保存銀黏土時使用。

● 牙籤：可用於銀黏土未乾燥時打孔、壓印／刻印花紋。

● 珠針／手縫針：銀黏土未乾燥前壓印／刻印花紋，刻字時效果尤佳，但刻出的線條較細。

● 吸管：從喝養樂多到喝珍珠奶茶用的不同粗細的吸管，都可使用在銀黏土未乾燥時，或打孔、切壓小圓片等造型用。

● 便利貼紙：作戒指時的替代用襯紙。

● 吹風機：烘乾作品，縮短銀黏土乾燥時間。

工具．材料哪裡買？

銀黏土&專屬道工具

銀彩俱樂部（日本相田純銀藝術黏土台灣總代理）　網址：www.hobbydiy.com.tw

博客來網路書店玩藝館　網址：www.books.com.tw/exep/prod/newprod3/brand.php?id=0000000580

德昌手藝世界　網址：www.diy-crafts.com.tw

其他工具&配件

　　因為身處台北地區，我習慣到俗稱「後火車站」的批發區（介於承德路到延平北路及市民大道到南京西路之間的大區塊），去尋找適合的配件或工具。以下介紹幾家我常去的店家，但未必是最便宜、最好的商店，僅供大家參考。

　　有時間的話，不妨在後火車站的批發區多逛逛，也許會發現更棒的商店唷！

金寶山藝品工具店　網址：http://jbs1937.com.tw/

小熊媽媽飾品ＤＩＹ　網址：www.bearmama.com.tw

鉅歆首飾企業有限公司　網址：www.js-silver.com

生活集品　網址：https://www.facebook.com/lifegoods089

創作的基礎技巧

在正式開始製作作品前，請先熟練基礎技巧和步驟，才能更輕鬆且順利地完成美麗的作品哦！

> ## 銀黏土飾品製作流程
> **揉土→造型→乾燥（定型）→修整→完全乾燥→燒成→拋光／硫化處理→上金具&配鍊→完成**

A.揉土

「掌握銀黏土特性，是創作成功的關鍵！」

　　銀黏土易乾，要能維持其柔軟好塑型的特性，水分的保持非常重要！而加水的多寡及揉土的次數，則要視所處環境的乾濕度而有所不同。因此，每次加水揉土時，務必仔細觀察水分與土的變化，一旦能掌握銀黏土的濕度，就可輕鬆創作任何造型。

Step1

Step1

打開真空包裝，記得先取下透明膠片，再將銀黏土放到保鮮膜中間。

Step2

先稍微揉捏銀土，感受其軟硬度。

Step2

Step3

如果發現土太乾，表面容易有裂紋產生，請先捏平土塊，再於土塊中間用水彩筆刷上一道水。

Step4

接著，以外圍的銀土將水包覆其中，再次揉捏，使整塊銀土能均勻地吸收水分。如果加一次水，銀土還是不夠柔軟，請重複Step3 & Step4。

Step3

Step5

若是不慎加水過多，請將過於濕軟的部分，往整塊銀土的中心返折、再揉捏，重覆此動作，直到銀土的濕度及軟度適中即可。

B.造型

■搓條狀

Step1

可先在保鮮膜上將銀黏土揉捏成條狀。

Step2

把土條放置於烘焙紙上，以手指將銀土條逐漸搓長，直到需要的長度和粗細為止。在過程中，手指要隨時沾摸濕紙巾的水分，以保持手指頭濕潤，如此銀黏土表面才不會乾裂！

Step3

如果，土條在搓條狀的過程中出現裂紋，可直接以手指沾水，一邊將土條抹濕，一邊推弭裂紋。待整體水分被吸收後，再繼續搓條狀的動作，以免銀土濕糊而沾黏到烘焙紙上。

Step4

搓條狀時，烘焙紙如有皺褶或沾黏銀黏土的地方，請先避開，選擇乾淨平整的紙面作業。

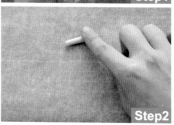

■擀平

將揉捏好的銀土置於烘焙紙上。

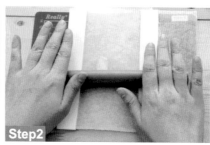 

將另一半邊的烘焙紙反摺覆蓋於銀土上，烘焙紙兩側分別直向擺放壓克力厚尺。再將塑膠滾筒隔著烘焙紙置於銀土上，滾筒兩側墊著壓克力厚尺，先從土塊中間往下輕壓，再前後輕推，如同擀麵皮一般，將銀土擀平。再依造型需求，以筆刀切割出形狀，或用牙籤、珠針等製作出花紋。

■製作花紋

牙籤壓印・鑽孔

方法1：

不論是牙籤的尖端、尾端或側身，都可利用來刻畫和壓印花紋！

Tips

在刻畫線條時，難免會推出小土粒，這時不需急著以牙籤或手指去除，否則小土粒反而容易到處沾黏，把刻畫好的線條和作品表面弄花！因此，等作品乾燥後，再以銼刀將小土粒修掉即可！

方法2：

以牙籤鑽孔時，切忌硬戳，否則容易造成孔洞邊緣破裂。應該一邊旋轉牙籤，一邊慢慢地鑽出孔洞。

吸管壓印・挖洞

　　平常可多收集各種粗細的吸管（小至喝養樂多的吸管，大到喝珍珠奶茶的吸管皆可），用於片狀銀土上、壓印圓形孔洞。壓印下來的小圓片也可以拿來作為造型的一部分。

珠針／手縫針刻字

　　如果想要製作較細緻的花紋或文字，可用珠針／手縫針來刻畫！

Tips

和牙籤一樣，刻畫紋路時，難免會推出小土粒，等作品乾燥後，再以銼刀修掉即可！

字母／圖案印章蓋印

　　利用小小的英文或數字等字母印章蓋印在銀黏土上，不論是英文名字、紀念性的日期，都可以工整地呈現有別於純手感的手刻字！蓋印時，需注意蓋印的深度，以防橡皮章的方形座台印到銀土上；下壓的力道要平均，不可歪斜！另外，各式的圖案章也可以用來蓋印造型，如果擔心複雜的線條容易卡住銀土，可在蓋印前抹上橄欖油或嬰兒油。

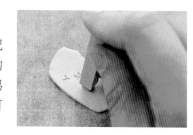

針筒型黏土擠花

　　與針筒型黏土搭配使用的針頭有藍、綠、灰三種，擠出的線條分別為極細、中等、粗。可在造型時，製作立體的線條，也可以將綠色針頭剪短、壓扁、切割鋸齒等，以擠出不同效果的花樣，就像製作蛋糕所使用的奶油花嘴。

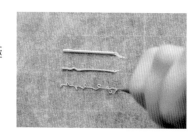

Tips

生活中有許多不起眼的用品，都能作為製作銀黏土飾品時，壓印花紋的協助用具。除了上面提到的幾個小物件外，蕾絲、拉鍊、迴紋針、小珠珠、鐵釘、紗網等等，都可以收集來壓印看看。越是不起眼的小物，有時反而能產生令人驚奇的效果呢！

▓鑲嵌金具

插入環（純銀製品）

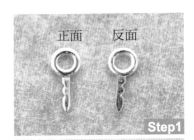

正面　反面

Step1

Step1

請先確認插入環的正反面，插入環的正面須與作品的正面同一邊。以鑷子夾住插入環的圓圈部位，平穩地將整個根部插入未乾燥的銀土中。

Step2

埋入的過程中，請勿搖晃，以免造成間隙，導致燒成時銀土無法卡緊插入環，以免日後配戴時，插入環容易與作品本體脫離。同時，也請勿傾斜埋進插入環，以免插入環根部穿出作品或作品表面突出一塊！

Step2

Step3

已乾燥的作品，如需安裝插入環，可在作品背面直接以膏狀銀黏土黏附。

Step4

或者，先在作品背面欲埋入插入環的位置處，以銼刀挖鑿一道大小、深度略大於插入環根部的小凹槽，把插入環平放入凹槽，再以銀土或膏狀土填平覆蓋即可。這樣的安裝法，可讓作品背面保持平整，作工更為精緻。

Step3

裡付鉤頭（純銀製品）

安裝前，請先確認裡付鉤頭的上下位置，彎曲弧度較大的一側為上方，需同作品的上下方向。

方法1：

在已乾燥的作品背面，直接以膏狀銀黏土厚厚地覆蓋裡付鉤頭的腳座後吹乾，重複前述動作，直到腳座完全被包覆，看不出原來腳座的形狀即完成安裝。

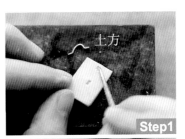

上方

Step1

方法2：

Step1 在作品背面預定安裝的位置處，依著裡付鉤頭的腳座，分別以銼刀挖鑿出兩個大小及深度略大於腳座的小凹槽。

Step2 再把兩個腳座平放入凹槽內，以銀土或膏狀土填平後吹乾即可。

Step2

插入型寶石台座（純銀製品）

1. 安裝的方法和注意事項，大致上與插入環相同。需於銀黏土未乾燥時插入。
2. 另需特別注意的是，寶石台座本體側邊的部分勿過於貼近銀土，以免燒成時，受銀黏土收縮的影響，導致台座變形，寶石無法牢固地卡進台座。

安裝耳針（925銀）

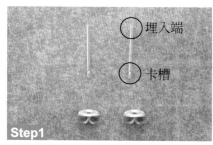

埋入端

卡槽

Step1
安裝前請先確認正確的埋入端。

Step2
將埋入端前頭約2至3mm處整圈以銼刀輕輕銼磨出齒痕，形成不光滑面後備用。

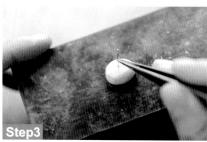

Step3
銀黏土造型完成、未乾燥前，在作品背面、中上的位置，平穩地插入耳針，埋入深度約2至3mm，吹乾後即完成安裝。

Tips

耳針預先處理齒痕，是為了讓銀黏土更穩固地卡緊耳針，防止脫落。耳針應安裝在作品背面正中間偏上的位置，以免配戴時，作品上半部沒有支撐，重量往前傾。

安裝耳夾（925銀）

1. 耳夾金具請先不要組裝！
2. 作品造型完成並且乾燥後，將耳夾座的腳座部分，以膏狀銀黏土厚厚地覆蓋、黏著於作品背面後吹乾，重複前述動作，直到腳座完全被包覆，看不出原來腳座的形狀。整體作品燒成後，才將耳夾片安裝上耳夾座。

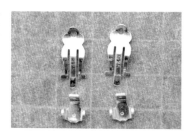

蝶型胸針（非純銀金具）

Step1 先將針的部分取下備用。

Step2 作品造型完成且乾燥後，於作品背面欲安裝胸針的位置處，依著針座以銼刀挖鑿出大小及深度略大於針座的圓洞，把針座平放入洞中，以銀土或膏狀土覆蓋填平後，吹乾後便可燒成。

或可在作品燒成後，以AB膠將針座黏附於成品背面。安裝的位置與耳針相同！應安裝在作品背面正中間偏上的位置，以免配戴時，因為作品上半部沒有支撐而過重往前傾。

鑲嵌合成寶石

　　人工合成寶石因為經過高溫製成，所以可以和銀黏土一起火燒。不過，綠色和黑色的合成寶石會因為高溫而變色，因此，建議以純銀寶石台座鑲嵌。網路和一般店家販賣的人工寶石，多半是玻璃製品，高溫下會燒融成球狀，建議鑲嵌前，先在瓦斯爐上試燒，確定不會變形、變色，再鑲嵌至銀黏土裡。

埋入銀土鑲嵌法

Step1
以鑷子夾住寶石，平穩地埋入銀黏土中。

Step2
整個寶石面需低於銀黏土的表面約1mm，寶石也不可歪斜，以免銀土收縮時，將寶石擠突出表面。

使用針筒型黏土鑲嵌法

Step1
依寶石的大小和形狀，先以綠色針頭由下往上擠出2至3層細條，以形成寶石框。

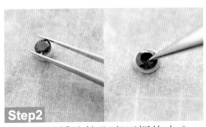

Step2
把寶石平穩地放入寶石框的中心，輕微地下壓。

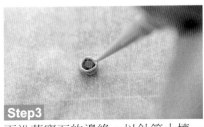

Step3
再沿著寶石的邊緣，以針筒土擠一圈細條固定住寶石。

鑲嵌珍珠／半貴石（天然玉石珠）

Step1 準備粗0.8mm的純銀線，剪成約1cm長，一端約2至3mm長的一小段，以銼刀輕銼出齒紋後，插入造型完成、仍未乾燥的銀土中。（同耳針Step2的準備步驟）

Step2 作品燒成且完成拋光、硫化等步驟後，依照珍珠或半貴石洞穴的深度，將銀線修剪成剛好的長度。

Step3 調和AB膠，抹在銀線上，再把珍珠或半貴石套入銀線，待AB膠乾燥，確定黏牢後即完成。

C.乾燥

　　造型大致完成後，需先將作品乾燥定型！

　　使用吹風機烘乾時，作品請距離吹風機口5至10cm，並且視作品材料克重及作品厚度，烘乾至少5至10分鐘以上。若是保濕型銀黏土，請烘乾45分鐘以上。如果不急著完成，可將作品小心地擺放於通風處，自然風乾24小時以上。

D.修整

◎以銼刀修整

Step1 作品乾燥定型後，以銼刀將造型時產生的毛邊、突起的顆粒或小裂紋修磨平整。

Step2 銼刀的拿法同拿寫字筆。將作品平放於橡膠台上，一手拿銼刀，一手輕扶並固定住作品，把要修磨的地方略突出橡膠台邊緣，以銼刀慢慢地、輕巧地把要修掉的部分磨掉。一小區塊、一小區塊慢慢地修整。

Tips

修磨時，銼刀一律往同一方向修磨，切記不可來回，以免作品因摩擦、拉扯不慎破裂！

◎以濕紙巾輕拭

Step1 作品以銼刀大致修整過後，可用濕紙巾輕擦，以去除銼刀修磨的痕跡，或作品表面上細小的裂紋。

Step2 把濕紙巾攤開、單層包覆手指，再輕擦作品。如有較深的紋路或明顯的突粒欲推拭平整，可以在該處以畫小圓圈的方式推平。濕紙巾如果已沾黏許多銀土，請換乾淨處包覆指頭，再進行擦拭。若濕紙巾的濕度不夠，也可直接沾水，再進行擦拭。

Tips

請盡量不要將濕紙巾抓成一坨來擦拭作品，一則可能因不慎鉤到作品，導致作品摔落碎裂，一則無法清楚感覺到擦拭的地方是否仍有突粒或裂紋需推平，而無法確實地處理。

◎以砂紙細磨

如果想讓燒成後的作品表面更加細緻，可在燒成前，以舊砂紙細磨作品，不僅可以讓表面光滑，也能細微地修正作品的角度及粗細。

不過，切記同一處不可修磨過久，來回不停磨擦下，細微的銀粉末容易在表面結成金屬塊。此時，若再使用濕紙巾擦拭，不吸水的金屬塊會因無法被濕紙巾推平，就會形成一塊塊斑駁的表面。

E.燒成

Step1 以鉛筆依作品的外輪廓描下作品的大小。

Step2 以不鏽鋼盆盛裝一盆冷水備用。

Step3 將不鏽鋼燒成網架在家中的瓦斯爐上，瓦斯爐開至大火，先空燒網子，確認網子燒紅處後，關閉瓦斯。

Step4 將完全乾燥的作品平放於網子燒紅處，再度開啟瓦斯，並維持大火燒製作品8至15分鐘。燒成的時間，請視作品大小和厚度做調整。

Step5 燒製時間結束後，關閉瓦斯，讓作品擱置於網子上20分鐘，稍微冷卻後，以鑷子夾起作品，放到不鏽鋼盆裡的冷水中，使其完全冷卻。

Step6 擦乾水分，把作品和步驟Step1所描繪的輪廓線相比對，整體縮小約10%即完成。若收縮率明顯不達10%，請重複Step4&Step5。

Step1

Step3

Step4

Tips

●燒製的過程中，不需翻動作品。

●燒成後的作品表面會覆蓋一層銀的結晶，因而呈現白色狀。

●燒製全程，直到作品及不鏽鋼網冷卻前，務必在一旁看顧，不可隨意離開瓦斯爐。

●如遇緊急狀況，請先將瓦斯爐爐火關閉，再行離開。之後若欲再燒製作品，請重新計算燒製時間。

Step6

F.拋光處理

Step1

以鋼刷刷去作品表面上的白色結晶,如果希望作品呈現霧面效果,則在刷除結晶後,安裝金具&銀鍊後即完成。

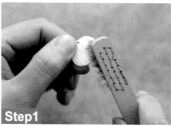
Step1

Step2

如欲使作品表面呈現光亮的鏡面效果,則依序使用紅、綠海綿砂紙用力研磨作品表面。研磨時間視作品表面變化而定,研磨時間越久,作品表面越平滑細緻。

Step2

Step3

最後再使用瑪瑙刀的刀腹輕畫過作品表面,一道接著一道、同一方向、輕輕地拋光表面,直到整個作品呈鏡面效果為止。

Step3

Step4

將小蘇打粉調和一點水成濃稠狀,用以洗淨拋光後作品表面上的髒污和毛細孔裡的粉塵。

Step4

Step5

擦乾作品後,以拭銀布擦拭作品,使鏡面效果更為光亮,即完成拋光的步驟。

Step5

Tips

拋光的順序為紅色砂紙→綠色砂紙→瑪瑙刀,如果過程發現仍有不夠細緻的地方,可再回到紅色砂紙或綠色砂紙,再次研磨後,再拋光。
切勿以瑪瑙刀的刀尖用力刮磨作品,否則柔軟的純銀會容易產生凹痕。

G.硫化處理

　　視作品設計的需要，可利用硫磺來使銀產生硫化反應，以加深作品上刻畫的線條和花紋，或使整件作品呈現不同的硫化變色效果，讓作品有更豐富、更個性化的面貌。

Step1

Step1

以玻璃杯裝盛熱水（熱水可使硫化反應的速度加快），水量以能蓋過作品的高度即可。並滴入1至3滴的硫磺原液。

Step2

將作品放到熱硫磺水中浸泡。過程中可偶爾翻動作品，讓作品每個部位都能接觸到硫磺水，使整體均勻變色。

Step2

Step3

待作品完全變黑，將作品取出，以清水沖洗，務必洗淨硫磺水，擦乾後再進行拋光處理。

Step4

除了使作品完全硫黑外，也可以依個人喜好，將作品硫化成金黃、古銅、粉紅、藍綠等不同的色澤。此時，得一邊注意顏色的變化，一旦達到想要的顏色時，就立即將作品取出，洗淨後即完成。

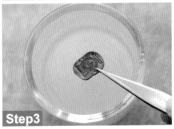
Step3

Tips

★ 硫化處理前，作品必須先以鋼刷刷去表面覆蓋的白色結晶。

★ 可以在作品拋光前或拋光後進行硫化的步驟，可呈現出不同的效果。

設計發想·作品保養

靈感怎麼來？想法如何轉化為作品？
其實設計距離你我並不遙遠，只要多一份用心，處處都是發想的源頭。
此外，將想法幻化為作品後，不可忽視的重要工作便是保養，可別放任
寶貝飾品慢慢變黑喔！

作品的設計和靈感發想

在教學或推廣銀黏土時，經常聽到這樣的喟歎：「我對銀黏土很有興趣，可是我不會設計耶！要作什麼造型，一點概念也沒有！」這樣的想法，常常阻擋了許多人嘗試銀黏土創作的欲望。

沒錯！有些人確實在設計或美感相關的領域，有著與生俱來的天份。但是，設計和靈感的發想並非只限定於有天份的人，也不是完全不能靠後天培養。

每天、每一刻、每個人的腦中，或多或少都會因為所見所聞的事物，而閃過一些畫面或想法。這些瞬間閃過的念頭，其實就是靈感的來源！只看你有沒有把這些片刻即逝的靈感抓住並且加以運用。

我自己也不是學設計出身的人，但從小到大我的腦中倒是有很多莫名其妙、天馬行空的畫面產生。說起來，還算是個想像力豐富的人。但是，這些念頭總是雜亂無章的在腦中出現又消失，該如何從中發掘適合創作的設計呢？

你可以試著這樣作！

Tip1

準備一本可以隨意書寫及塗鴉的小冊子，並且隨身攜帶。當奇妙的念頭出現時，趕緊把想法寫下或畫出來。不用很鉅細靡遺地描述，也不需要很會畫畫，只要記錄重點，把想法一點一滴累積起來！

剛開始可能會覺得困難，甚至完全不知道該寫些什麼！其實，不需要太過嚴肅，亂畫一些線條也好、隨手寫下腦中冒出的一句話也可以，不論是好的、不好的點子，都一一記錄下來！之後，再去蕪存菁、慢慢琢磨如何將這些想法轉變成美麗動人的設計。也許，把你喜歡的一句話，刻在墜子上；將塗鴉的線條，設計成耳環也很不錯！設計並沒有想像中那麼的遙不可及。

Tip2

如果想像力不是很豐富呢？那麼，就把喜歡的事物、圖像、感覺等等，收集起來吧！首先，準備一個大塗鴉本或盒子，把你第一眼看到就很有感覺的物品或百看不厭的圖

片等等，黏貼在塗鴉本或收集到盒裡；它也許是雜誌裡的一張圖片，或者是個很有設計感的包裝紙袋、一張明信片、一塊觸感很好的布料、一支羽毛、一顆珠珠、一根樹枝……無需設限、盡情地收集，再從這些物品中擷取你喜歡的元素，放進設計中。

試著想像：把樹枝的姿態和樹皮的觸感作成戒指，或許，加些珠珠，讓設計更豐富！將你喜愛的元素獨立表現也好，互相搭配也行，找到令自己滿意的組合，那就是最好的設計！

Tip3

如果還是沒有頭緒，就從參考別人的作品來練習設計的能力！多翻閱設計相關的書籍、多看看市面上的各類飾品，研究知名設計師們如何呈現他們的想法。即便是個簡單的心形，不同的設計師各有不同的表現手法，仔細觀察並且學習其中不同之處，同時也思考換作是自己將如何表現？想一想你會將設計師的作品拿掉什麼部分？又會加進什麼元素？

一次又一次這樣練習，不僅能漸漸培養自己設計的能力，同時也可以刺激靈感產生！

另外，我覺得多逛街、掌握流行也是很重要的喔！選擇最適合你的方法，三種並行也可以，讓設計成為愉快又自然的一件事。

純銀飾品的簡易保養

凡是純銀的飾品，如果不妥善保存，多少都會因接觸空氣中的硫化物，而隨著時間慢慢變黑。這種正常的自然現象稱為硫化，不是氧化喔！

如果希望銀飾常保銀白光澤，在保養及收納上有以下幾個簡單的方法：

1. 配戴過的銀飾，請以清水或中性清潔劑洗去表面的汗漬和髒污，擦乾水分後，再行收納。
2. 飾品不配戴時，可準備厚的、Pvc材質的夾鏈袋來保存，以隔絕銀飾與空氣接觸的機會。建議一個夾鏈袋裝一件飾品，以免飾品互相擠壓，在表面形成凹痕或刮痕。
3. 銀飾如有輕微變黑的情況，請立即以拭銀布擦拭，或以牙膏搓洗。
4. 如果硫化情形嚴重，925銀鍊和配件的部分，請交給專業的店家處理；銀黏土製品的部分，可經由火燒去除硫化現象，再重新作拋光處理。
5. 盡量避面自行使用洗銀水，以免使用不慎，造成飾品表面侵蝕，反倒損壞了寶貴的銀飾。

Silver
Clay

no.01 湯匙&叉子

悠閒的午茶時刻，
快拿出珍藏的銀湯匙和銀叉子，
優雅地享受這美好的午茶時光吧！

How to make
p.78

no.02

芝麻捲餅

How to make
" p.80 "

打翻芝麻啦！真是不小心耶！
索性揉到麵糰裡，作成芝麻捲餅，配著煎茶吃囉！

no.O3

小廚娘俄羅斯娃娃

How to make
P.83

俄羅斯娃娃的圖案和物品總是可愛得讓人好想擁有！
亞麻布製品也是身為雜貨迷的我的最愛。
把喜愛的圖案和素材相結合，
讓俄羅斯娃娃搖身一變成為穿著亞麻布圍裙的小廚娘！
想像她在廚房裡忙進忙出的可愛模樣。

no. 04

Love recepie

不管什麼食物，
只要加入愛來調味，都會變得香甜可口。
人與人之間也是一樣，
多一點愛、耐心與體諒，生活會更美好！

How to make p.86

no.05 烤餅乾吧！

How to make
p.87

麵粉過秤、加幾顆雞蛋，量杯裝一點鮮奶倒入麵粉中，
搓搓揉揉、擀平、蓋印圖案，
一會兒就可以來烤手工餅乾囉！

no.06

甜甜圈

How to make p.88 好愛、好愛口感Q彈有勁的波堤甜甜圈！
也試著作幾個不同造型的甜甜圈，
和朋友們一起分享吧！

no.07

森林裡的可愛動物

How to make
p.89

吱吱喳喳……森林裡可愛的小動物們正熱鬧！
不曉得松鼠、鳥兒和野兔在商量什麼？
好想加入牠們，一起在森林裡開心地聊天！

no.08

咖啡豆

How to make
p.90

專注地烘焙著咖啡豆，
焦香味瀰漫在空氣中，
濃郁又迷人的香氣，
讓一整天充滿人文氣息！

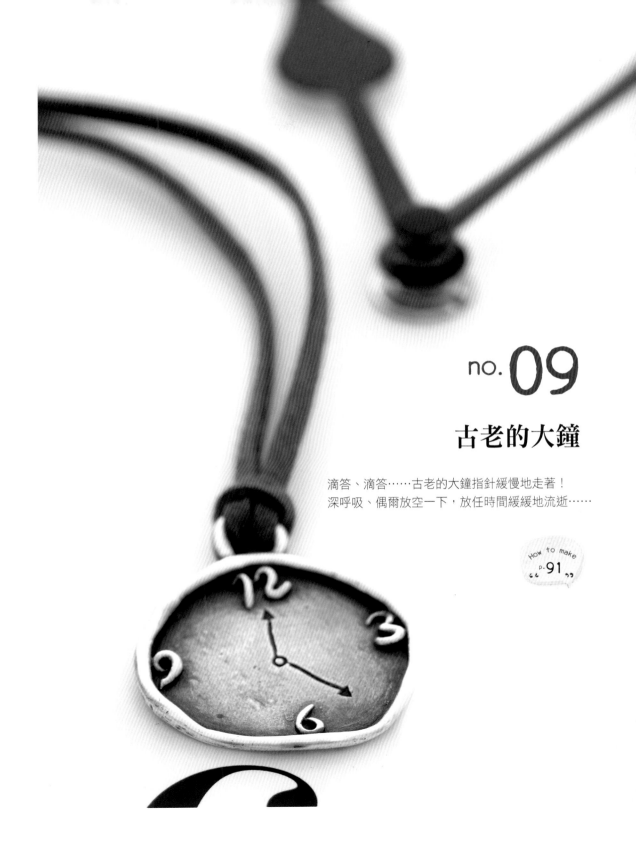

no.09

古老的大鐘

滴答、滴答……古老的大鐘指針緩慢地走著！
深呼吸、偶爾放空一下，放任時間緩緩地流逝……

How to make
p.91

no. 10　愛吃糖的小螞蟻

茶桌上的甜食引來小螞蟻啦！
看牠們在杯盤間奔走，交頭接耳地討論著哪裡有掉落的糖渣……
那努力又認真的模樣……
好吧！好吧！今天就讓牠們開心地搬運糧食吧！

no. **11** **小相框**

把甜甜的記憶框起來，
小小的、年代久遠的都無妨！
當成寶貝般，珍惜著每一段難忘的時光。

no. **12**　義大利麵量麵器

一個人的午餐、兩人份的晚餐……
忙碌或不想傷腦筋時，
抓起量麵器煮份輕食義大利麵解決吧！

no. 13　陽光南瓜

像是照足了溫暖陽光而黃澄澄的南瓜，
光看著就有種幸福感！
讓人好想到田野間曬曬太陽！

How to make
" p.95 "

no. **14** 魚

How to make
"p.96"

清澈溪流中，
一群群小魚在水草間游動，
魚鱗閃閃的好似灑落河底的寶石！

no. 15

A Gift For You

How to make p.97

綁上大大的蝴蝶結、緞帶繫著的小卡上歪歪扭扭地寫著：
For You！
裡面裝的到底是什麼禮物呢？真是令人期待！

no. 16

森林裡的寶物

咚咚咚……
從樹上掉落的橡果和松果，是來自森林的寶物！
拿在手裡沉甸甸、圓呼呼又樸實的模樣，
可愛得讓人愛不釋手！

How to make
p.98

no. 17

貓頭鷹

How to make
" p.99 "

睜大了眼睛的貓頭鷹看起來好無辜呀!
在森林深處靜靜地觀察著……
就像是森林的守護者,
守護著森林裡的一草一木,
也守護喜愛親近大自然的人。

no. 18 少女花環

How to make
p. 100

隨手拈起鄉間小路邊的野花、野草……
編織成花環吧！
戴在頭上或手腕，感受自然的氣息。

no. 19

ㄅㄆㄇ

How to make p.101

看本好書、一部好電影，都能讓心情滿滿！
心裡的想法和感動，趕緊寫下來吧⋯⋯

no.20 Talking Bubbles

開心的時候，愛說話的個性就藏不住啦！
嘴巴一邊說，心裡的OS也一堆，
連頭上都擠滿了像泡泡般的對話框呢！

no.21 豌豆莢

How to make
p.103

青翠的豌豆莢一個個掛在藤蔓上，
等待著收成！
清炒後拌入義大利麵裡，營養滿分！

no. 22

小雪人先生

屋前的小雪人看起來很冷耶！
幫他戴個帽子、披上圍巾，
聊聊今天發生的事吧！

How to make
p. 104

no.23　提花籐籃

天然素材編織的籐籃，
不論擺在哪個角落都自然流洩出一股愜意的生活感！
籐籃裡放入幾朵小花，
更讓整個空間&心情都加倍明亮起來！

How to make
p.105

no.24 含苞玫瑰

How to make p.106

黛安娜、蘇菲亞、英國女王……
滿園的玫瑰，哪一朵才是妳的最愛呢？
淡淡粉紫偏灰銀的純銀，
濃郁的香氣及特殊的品種名稱吸引了我的目光……

no. 25 西洋梨

小農市集裡以木箱盛裝的西洋梨特別吸引我的目光！
挑幾顆回家，妝點餐桌也滿足愛吃的嘴！

How to make
p. 107

no.26 杯子蛋糕

蛋糕架上一個一個可愛的杯子蛋糕，
不同的造型有不同的口味，
宛如綺麗的夢想，到底該選擇哪個好？
能不能偶爾貪心一下呢？

no. 27　復古吊燈

How to make p. "109"

從骨董市場挖掘到的老式吊燈，
簡單卻優雅的線條以及歲月斑駁的痕跡，
讓昏黃的燈光更加溫暖迷人⋯⋯

no. 28

泡泡澎球

搓搓揉揉、洗出好多七彩的泡泡！
想像自己是灰姑娘，在掃除的工作中，
等待王子來迎接！

How to make
p.110

no. 29

魔女的掃帚

包著漂亮印花布的掃帚，
像是施了魔法一般，
讓打掃這件事變得優雅、有趣了！

How to make
p. 111

no. 30

蘋果樹

How to make
p. 112

忘不了蘋果花的清雅香氣，
結實纍纍的果樹更是讓人興奮又期待！
如果有座大花園，就種一棵蘋果樹吧！

no.31

 How to make p. 113

檸檬樹

喜歡檸檬，更喜歡檸檬的黃！
摘下果實，做一個酸酸甜甜的美夢。

no.32 花間小鳥

How to make p.114

如地毯般綿延的花叢間，
小鳥兒跳躍著！
玩捉迷藏般、淘氣地從這朵飛到那朵……

no.33

童話小屋

夢想中的小木屋有木窗框、斑駁的木門和瓦片……
好想住在這樣的地方，
過著簡單的生活！
叩叩叩……咦？是誰來訪？

no.34

How to make
p.116

水花

打開水龍頭，嘩啦嘩啦的水花四濺！
噴灑的水珠，有種暢快的感覺！

no.35 中式糕餅

西式甜點可愛、討喜，
中式糕餅也有獨特的風味，令人垂涎！
拿出糕餅模，作些小糕點，發揚傳統的中國味！

How to make
p.117

no. 36

德國結餅乾

將宛如愛心形狀的德國結餅乾裝滿透明罐，
等待好朋友來訪時，
一起啃餅乾、聊聊天！

no.37

小剪刀

喀擦喀擦、剪剪剪，
各型各款的剪刀是文具控不可或缺的收藏。

How to make
p.119

no. 38

刺蝟先生

不刺的刺蝟先生在森林裡、樹叢間找尋著最愛的蘑菇，
一閃一閃的銀光實在很難不洩漏他貪吃的蹤跡啊！

How to make
p. 120

no.39　貓掌戒

貓咪那粉嫩粉嫩、柔軟的腳掌肉墊，
像是難得窺見的粉紅小花。
毛絨絨地環抱在指尖，一整個讓人心暖暖。

How to make p.121

no. 40

甜蜜巧克力

甜甜巧克力是傳情達意的好幫手，
橢圓形的、愛心形的、包著酒釀餡的，
該選擇哪一個好呢？

How to make
p.122

no.41 拇指麋鹿

How to make
p.123

叮叮噹、叮叮噹，
雪花紛飛的時節，在白雪靄靄的森林裡，
紅鼻子麋鹿正等著耶誕老公公一起送禮物去！

How to make

no.**01**　　　　　　難易度　★

湯匙&叉子

湯匙和叉子造型的銀飾十分討喜！只要將握柄的部分再拉長，作成耳環！
遠看俐落、有設計感，近看發現是湯匙和叉子之後，
反而令人會心一笑、有溫暖的感覺！

材料

黏土型銀黏土　　10g
銀圈（小）　2個
耳鉤　1對

協助用具

養樂多小吸管
珠針
吹風機
濕紙巾

作法

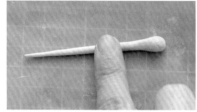

1 將黏土型銀黏土約略分成兩等份，其中一份先搓成7cm細長條形的水滴狀。

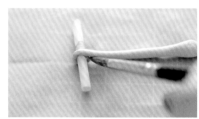

2 尖細的一端，繞過養樂多小吸管成一圈；接口處抹上一點水黏緊，形成掛孔。

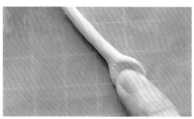

3 圓胖的一端，以小姆指下壓成厚的圓片狀，厚圓片外圍一圈約略往上翻，形成湯匙勺。完成的湯匙全長約5cm。

5 重複步驟❶到❸，湯匙勺成型後，用筆刀在湯匙口開兩道切口，形成叉子。

4 在匙柄上以珠針刻上「coffee」字樣後，以吹風機烘乾10至15分鐘。

6 在柄上以珠針刻上「cake」字樣後，以吹風機烘乾10至15分鐘。

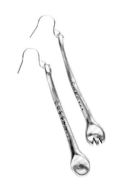

7 以銼刀修整外型,並修掉珠針刻字時推擠形成的小土粒。

8 再以濕紙巾擦拭作品,使表面光滑平整。

9 作品完全乾燥後,以瓦斯爐燒製8至15分鐘。

10 待作品冷卻,以鋼刷刷除白色結晶。

11 將作品硫化至全黑。

12 洗淨硫磺、擦乾作品後依序以紅、藍、綠海綿砂紙仔細研磨作品。

13 以小蘇打粉洗淨作品並擦乾,再以瑪瑙刀拋光。

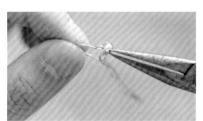

14 湯匙和叉子的掛孔處,分別鉤入小銀圈及耳鉤後即完成。

no.02

芝麻捲餅

隨意灑落芝麻而壓印成戒指的紋路是多麼的自然又饒富趣味！
即使作上10個、100個，永遠也作不出一模一樣紋路的戒指！
刻意不來的作品，就是這麼獨特、迷人。

材料

黏土型銀黏土　14 g

（示範作品戒圍：14號，實際製作時請視戒圍大
小，自行增減材料分量）

協助用具

芝麻
便利貼紙
吹風機
濕紙巾

作法

1 先決定要配戴戒指的手指，並以戒
圍紙卡或戒圍量圈測量該指指圍。
考量銀黏土燒成後整體大小會收
縮，厚2.5mm、寬5至10mm的片狀
戒指在製作時，尺寸請加大4號。
（以示範作品戒圍14號為例，製作
時則需以18號戒圍製作。）

2 將加大4號後的戒圍紙卡洞或戒圍
量圈平放套入木芯棒，以鉛筆在木
芯棒上相對應處畫線標示記號。

5 以紙或線測量該戒圍一圈的長度，以便作為擀片狀時長度的依據。（如果一圈長6cm，片狀總長度請加長1至2cm。）

3 在便利貼紙上以鉛筆畫一條中心線。

4 把中心線對準木芯棒上的鉛筆記號，將便利貼緊緊繞一圈黏緊，以作為製作戒指時的紙襯。（便利貼有黏性的一端，請勿直接黏貼於木芯棒上，以免之後無法取下！）

6 將黏土型銀黏土先搓成粗條狀，粗細略有不同也無妨。

7 接著將1mm及1.5mm的壓克力厚尺相疊成2.5mm置於條狀土兩側。塑膠滾輪隔著烘焙紙將條狀土擀平成2.5mm的片狀。

8 在片狀土上隨意地灑上芝麻。

9 將烘焙紙覆蓋其上，兩側同樣墊著2.5mm的厚尺，以塑膠滾輪輕輕再擀一次，將芝麻壓進片狀土裡。

10 將步驟❾的片狀土背面抹上薄薄的一層水，對準步驟❸紙襯的中心線，將片狀土貼緊紙襯，在木芯棒上繞成一圈，在片狀土交疊處，多餘的部分以筆刀切掉。（片狀土繞上木芯棒時，若有芝麻掉落，無妨喔！）

11 戒圈接口處抹上一些水，讓接口確實緊密接合後，以吹風機烘乾15至20分鐘。

12 連同紙襯將烘乾的戒圈褪下木芯棒，再次以吹風機烘乾戒圈內圈約5分鐘。

13 將紙襯取下，以筆刀挖取剩餘的銀土，平抹在戒圈接口處，使其平整且沒有縫隙。

14 再次以吹風機烘乾接口處，烘約5分鐘。

15 戒圈兩側邊，維持自然不規則、圓弧狀，不需以銼刀磨平！避開有芝麻的地方，將作品的表面以濕紙巾輕拭平整。

16 待作品完全乾燥，以瓦斯爐燒製8至15分鐘。（芝麻為天然食材，在瓦斯爐燒成的過程中會自然燒掉，不需刻意挑出來！）

17 作品冷卻後，將戒指套入戒圍鋼棒，以橡膠槌敲整戒圈，使戒指內圈成正圓形。

18 以鋼刷刷除白色結晶。

19 將作品整個硫化變黑，再洗淨、擦乾。

20 整個戒指依序以紅、藍、綠海綿砂紙仔細研磨，再以瑪瑙刀拋光成光滑鏡面。

21 以小蘇打粉洗淨作品，擦乾後即完成。

難易度　★★★

小廚娘俄羅斯娃娃

這件作品看似複雜、步驟繁多，但其實也僅是運用擀平、壓紋、刻花等基礎技巧，一步一步成型。主體以上下兩塊片狀土結合，利用上片挖空處形成的凹槽就可以讓燒成後的俄羅斯娃娃穿上布圍裙啦！

材料

黏土型銀黏土　14g
膏狀型銀黏土　少許
插入環（小）　1個
銀圈（小）　1個
18吋銀鍊　1條
亞麻布（約5×5cm大小）　1小塊

協助用具

蕾絲　1至3條（花紋不同也可）
紙卡　（10 x 10cm／厚約0.5mm）
珠針
濕紙巾
吹風機
AB膠　少許

原寸圖

作法

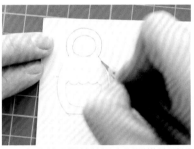

1 先將俄羅斯娃娃圖案紙型描繪到紙卡上，再依鉛筆線切割下來，挖空圓臉及圍裙的部分備用。

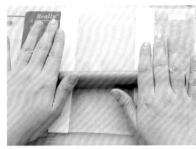

2 先以塑膠滾輪及1.5mm的壓克力厚尺，隔著烘焙紙將黏土型銀黏土擀平成1.5mm的片狀。

3 將步驟❶的紙型放到擀好的片狀土上，以筆刀依著紙型外圍，將銀土切割出俄羅斯娃娃的身形。

4 在身形片狀土的頭頂中心處平埋入插入環後，以濕紙巾覆蓋保濕，先置於一旁。

5 接著把步驟❸切剩餘的銀土加一點水揉捏，恢復濕度和柔軟度後，改以1mm的壓克力厚尺把銀土重新擀平成1mm的薄片。

6 將喜歡的蕾絲平鋪於步驟❺的片狀土上，隔著烘焙紙，兩旁一樣墊著1mm壓克力厚尺，以塑膠滾輪再擀一次，將蕾絲花紋拓印在片狀土上。

7 將拓印好蕾絲紋的薄片，再依步驟❶的圖案紙型，切割出俄羅斯娃娃的身形，並把圓臉及圍裙處挖空。

8 把步驟❹切割好的片狀土薄薄地抹一點水，與步驟❼的片狀土對準外形，上下兩片重疊黏緊。

9 趁銀土未乾，以珠針在俄羅斯娃娃的圓臉部位刻畫出臉部表情，同時將腰間的蕾絲邊戳上點點作為裝飾。

10 以吹風機烘乾10至15分鐘。

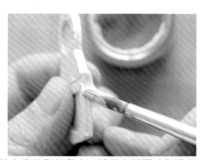

11 以銼刀修整作品側邊不齊的地方，再塗上膏狀型銀黏土，補平上下兩片側邊的接縫。

12 再以吹風機烘乾5至10分鐘，以濕紙巾輕拭作品側邊與背面，使其光滑平整。

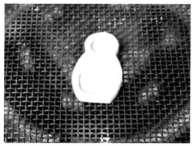 13 待作品完全乾燥，以瓦斯爐燒製8至10分鐘。

 14 作品冷卻後，以鋼刷刷除白色結晶。

 15 在俄羅斯娃娃臉部及腰部的蕾絲邊，以硫磺做局部硫化，以便讓刻畫的線條和點點變黑。

 16 洗淨硫磺、擦乾作品後，以紅、綠海綿砂紙研磨臉部及腰部的蕾絲邊，使其表面變回銀色，僅留刻畫的線條和點點為黑色。

 17 以小蘇打粉搓洗作品，洗除粉塵後，擦乾。

 18 依圍裙的紙型略小1mm剪裁亞麻布。

 19 將剪下的布塊，以AB膠黏貼到俄羅斯娃娃圍裙的部位，待AB膠完全乾燥。

銀圈
（正確開闔方向）

 20 將小銀圈鉤入插入環，穿上銀鍊後即完成。

Love recepie

擀成片狀，再細細刻上文字、穿上銀線圈……
一點點不同的變化，就可以讓作品有不同的面貌！

材料

黏土型銀黏土　　14 g
純銀線（粗1mm）　約20cm
20吋銀鍊　1條

協助用具

珠針、鉛筆
吹風機
濕紙巾

原寸圖

> *Love Recipe*
>
> *8 oz love*
>
> *4 oz patience*
>
> *2 oz consideration*
>
> *1 tsp trust*
>
> *1/2 tsp romantic*

作法

1 先以鉛筆將食譜內文轉描到烘焙紙上，文字背面請依著線條，再以鉛筆描寫一次，以便待會兒轉印用。

2 將黏土型銀黏土分成兩等份；以塑膠滾輪及1mm的壓克力厚尺將其中一塊，隔著烘焙紙擀平成1mm的薄片，再切割成如食譜圖形大小的長方片，以濕紙巾覆蓋保濕後，先置於一旁，備用。

3 重複步驟**❷**，把另一份銀土一樣擀平成1mm片狀，並切割相同大小的長方片。

4 把烘焙紙上描寫的食譜內文置於步驟**❸**的長方片上，依照文字線條輕輕描寫一次，讓文字背面的鉛筆碳粉轉印到銀土上。

5 趁銀土未乾，以珠針依著轉印下來的食譜內文刻畫出明顯的線條。

6 把步驟**❺**&**❷**的長方片上下兩片重疊黏貼，有刻字的上片略斜，黏貼前先將下片銀土抹上薄薄的一點水，以利兩片黏貼牢固。

7 以吹風機烘乾10至15分鐘。

8 以銼刀修整作品側邊不平整的地方，並修掉珠針刻字時推擠形成的小土粒。

9 在作品上方距離邊緣2mm處，從左側邊緣算起每間隔5mm，即以鑽頭或圓頭銼刀鑽孔，由左到右共鑽五個孔洞。

10 以濕紙巾輕拭整個作品，使刻字以外的表面光滑平整。

11 再次以吹風機烘乾約5至10分鐘，讓作品完全乾燥後，以瓦斯爐燒製8至15分鐘。

12 待作品冷卻，以鋼刷刷除白色結晶，將作品整個硫化變黑後洗淨、擦乾。

13 依序以紅、綠海綿砂紙稍微研磨作品，讓刻字處及上下層疊的交接處保留黑色、作品表面呈現復古、粗獷的質感。

14 以小蘇打粉洗淨作品後，擦乾。

15 將銀線以鉛筆筆桿捲繞成彈簧圈狀，邊旋轉邊將彈簧圈鉤入作品上的五個孔洞內，形成線圈筆記本的造型。

16 將銀鍊穿過銀線線圈後即完成囉！

烤餅乾吧！

除了刻畫線條、柔軟的銀黏土也可以用印章來蓋印圖案！
把可愛的圖案刻成橡皮章、再印製成純銀飾品，簡直比作餅乾還簡單呢！

材料

黏土型銀黏土　14 g

銀圈（中）　6個

銀圈（小）　10個

銀手鍊　1條

協助用具

手工橡皮章

橄欖油或嬰兒油

牙籤

吹風機

濕紙巾

作法

1　將五個雜貨小圖，刻成五個橡皮章備用。（刻法請參考橡皮章相關書籍）

2　以塑膠滾輪及1.5mm的壓克力厚尺先將其中一塊、隔著烘焙紙將黏土型銀黏土擀平成1.5mm的片狀。

3　選一個橡皮章，抹一點橄欖油或嬰兒油在圖章上，在步驟❷的片狀土上蓋印。

4　筆刀依著蓋印好的圖案形狀、距離圖案3至4mm寬度處，切割成不規則片狀；並以牙籤，在圖案的左右兩側、距離邊緣約2mm處分別鑽出孔洞，再以吹風機烘乾5至10分鐘。

5　重複步驟❷到❹，依序完成五個圖案的蓋印、切割及鑽孔。

6　以銼刀、濕紙巾修整已乾燥的五個片狀。

7　讓作品完全乾燥後，以瓦斯爐燒製8至15分鐘。

8　待作品冷卻，以鋼刷刷除白色結晶，將全部作品硫化變黑。

9　洗淨、擦乾作品後，再依序以紅、綠海綿砂紙稍微研磨作品，留下圖案的線條為黑色其餘表面呈現光滑質感。

10　小蘇打粉洗淨作品後，擦乾。

11　各個銀片上兩側的孔洞分別鉤入小銀圈，再以中銀圈串連起五個銀片後，鉤於剪開的銀手鍊上（手鍊長度請先依個人手腕粗細調整），就完成囉！

橡皮章
參考圖案

no.**06**

甜甜圈

揉個圓球、搓搓條狀是最原始也最基本的技巧，
不需要特殊工具，就像小朋友玩沙土、扮家家酒一般，
大膽地嘗試以銀黏土來模擬生活中的美食。

材料

黏土型銀黏土　a、b造型各7g
膏狀型銀黏土　少許
16吋銀鍊　2條

協助用具

吹風機
濕紙巾

a作法

1 將7g黏土型銀黏土等分成8份，分別揉成8顆大小相同的圓球。

2 把8顆圓球互相緊靠連成一圈，連接處可抹點水讓球黏得更緊密。

3 吹風機烘乾10至15分鐘，讓甜甜圈乾燥、定型。

4 各黏接點再以膏狀型銀黏土補強，以免接點斷裂。補強後，再烘乾5至10分鐘。

5 以濕紙巾輕拭、修整整件作品。待作品完全乾燥後（球狀的作品，中心點不容易乾燥，請拉長乾燥的時間），以瓦斯爐燒製8至15分鐘。

6 作品冷卻後，以鋼刷刷除白色結晶，讓表面保留霧面銀白質感。

7 最後將銀鍊從甜甜圈中心圓洞穿過，就完成囉！

b作法

1 將7g黏土型銀黏土平分成兩份，其中一份搓成5mm粗細、長度5cm的條狀。

2 把條狀圍成中空的圓形，並黏牢接口處，接著，輕壓條狀圓環使上下面變得略平後，以濕紙巾覆蓋保濕，置於一旁備用。

3 把另一份銀土等分成10至14份，一一搓揉成彎月型，並逐一斜黏在步驟❷的條狀圓環上。

4 吹風機烘乾10至15分鐘，讓甜甜圈乾燥、定型。

5 再以膏狀型銀黏土補各個黏接點後，再烘乾5至10分鐘。

6 以濕紙巾輕拭、修整整件作品。待作品完全乾燥後，以瓦斯爐燒製8至15分鐘。

7 作品冷卻後，即可以鋼刷刷除白色結晶，表面保留霧面銀白質感。

8 最後將銀鍊從甜甜圈中心圓洞穿過，就完成囉！

難易度 ★

森林裡的可愛動物

利用大小不同的片狀層疊，形成陰影效果，作法既簡單，又能讓作品呈現猶如投影般的立體感。再利用字母橡皮章，輕鬆地在柔軟的銀黏土上蓋印喜愛的字母，作一個專屬自己的森林小動物吧！

材料

黏土型銀黏土　5g
膏狀型銀黏土　少許
銀圈（中）　1個
16吋銀鍊　1條

協助用具

英文字母橡皮章
牙籤、珠針
吹風機
濕紙巾

原寸圖

作法

1 先選擇喜愛的小動物圖案，以鉛筆將圖案轉描到烘焙紙上，圖案紙背面請依著線條再以鉛筆描繪一次，以便待會轉印圖案。

2 以塑膠滾輪及1mm的壓克力厚尺，隔著烘焙紙將黏土型銀黏土擀平成1mm的薄片。

3 把烘焙紙上描繪的圖案置於步驟❷的片狀土上，依照圖案內圈線條描繪一次，讓圖案背面的鉛筆碳粉轉印到銀土上。

4 把圖案紙移開，以珠針或筆刀沿著輪廓線切割動物造型後，以濕紙巾覆蓋保濕，先置於一旁備用。

5 把步驟❹切剩餘的銀土加一點水揉捏，恢復濕度和柔軟度後，以1mm的壓克力厚尺，再次把銀土重新擀平成1mm的薄片。

6 重複步驟❸&❹，這次改描繪圖案外圈線條。

7 把步驟❹&❻切割出來的大小塊片狀土，依照原圖案上下兩片重疊黏貼，黏貼前先在下片重疊處抹上薄薄的一點水，以利兩片黏貼牢固。

8 選用喜愛的字母橡皮章，在作品上蓋印。

9 在松鼠或兔子的耳朵上，小鳥則是在背上中心點，距離邊緣約2mm處，以牙籤鑽出掛孔。

10 以吹風機烘乾5至10分鐘。

11 以銼刀先修平側邊不整齊的地方，再以膏狀型銀黏土塗抹補平作品側邊、上下兩片銀土的接縫處。

12 再次以吹風機烘乾約5至10分鐘，以濕紙巾輕拭整個作品，使其光滑平整。

13 讓作品完全乾燥後，以瓦斯爐燒製8至15分鐘。

14 待作品冷卻，以鋼刷刷除白色結晶，再將作品整個硫化變黑。

15 洗淨硫磺、擦乾作品後，依序以紅、綠海綿砂紙研磨作品，僅剩字母及上下層疊的交接處為黑色。

16 以小蘇打粉洗淨作品後，擦乾。

17 以瑪瑙刀拋光作品，鉤上小銀圈、穿入銀鍊，就完成囉！

no.08

難易度　★

咖啡豆

簡單的咖啡豆造型是練習捏塑技巧最好的入門，
不需10分鐘，就能完成塑型。一定要試試看！

材料

黏土型銀黏土　　7g
插入環（小）　　2個
銀圈（大）　　1個
銀圈（小）　　1個
皮繩項圈　　1條
麻繩手環　　1條

協助用具

牙籤
吹風機

作法

1　將黏土型銀黏土約略分成2/3&1/3兩份，先將2/3的那一份銀土搓揉成橢圓形球狀。

2　把橢圓球往桌面輕微下壓使一側扁平，另一側維持圓弧球面，以牙籤在扁平面上壓印出中心線、中心線兩側壓印些皺褶般的紋路，形成咖啡豆的樣貌。

3　趁銀土未乾，將小插入環埋入咖啡豆頂端的中心點後，吹風機烘乾15至20分鐘。

4　等待烘乾時，重複步驟❶到❸，將另一份銀土，捏塑成一顆較小的咖啡豆。

5　大小兩顆咖啡豆都完全乾燥後，以瓦斯爐燒製8至15分鐘。

6　待作品冷卻，以鋼刷刷除白色結晶，大顆咖啡豆表面保留霧面銀白質感；小顆的咖啡豆則硫化成金黃色或古銅金色，即可洗淨、擦乾。

7　大咖啡豆鉤入大銀圈、穿入皮繩項圈；小咖啡豆則鉤入小銀圈、鉤上麻繩手環，就完成囉！

no.09　　　　難易度　★

古老的大鐘

捨棄紙型、捨棄工整！
不規則的圓、粗細不一又歪斜的線條，
反而使整個作品看起來有種詼諧且更活潑的感覺哦！

材料

黏土型銀黏土　10g
膏狀型銀黏土　少許
麂皮繩　80cm

協助用具

牙籤
吹風機
濕紙巾

作法

1 將黏土型銀黏土約略分成2/3&1/3兩份，先將2/3的那一份銀土搓揉成扁圓形。

2 以塑膠滾輪及1.5mm的壓克力厚尺，隔著烘焙紙將步驟❶的扁圓擀平成1.5mm的圓形片狀，形狀不很圓無妨。以濕紙巾覆蓋保濕，先置於一旁，備用。

3 將另一份銀土再分成3/4&1/4，先以3/4的銀土搓成2mm條狀、粗細不一無妨，長度則需略長於步驟❷的圓片的圓周1至2cm。

4 把搓好的細條狀抹上薄薄的一層水，沿著步驟❷圓片的邊緣圍繞一圈，形成外框。切剩下的條狀自行繞成一個小圓環，平黏於圓片的頂端，作為掛孔。

5 以剩下1/4的銀土一一搓出1、2、3、6、9的細條狀小數字，粗細約0.5至1mm。

6 依照時鐘12點、3點、6點、9點四個方位，將步驟❺的條狀數字，分別黏到步驟❹的圓片框內。黏貼時，可抹一點水加強黏性。

7 以牙籤在時鐘的中心，刻畫時針和分針，線條不直無妨！

8 以吹風機烘乾10至15分鐘後，以銼刀修整作品側邊。

9 再以膏狀型銀黏土修補側邊條狀與片狀的接縫處，以及小圓環掛孔與時鐘本體的連接處，再烘乾5至10分鐘。

10 以濕紙巾擦拭作品，使表面光滑平整。

11 作品完全乾燥後，以瓦斯爐燒製8至15分鐘。

12 待作品冷卻，以鋼刷刷除白色結晶，再將作品完全硫化變黑。

13 洗淨硫磺、擦乾作品後，依序以紅、綠海綿砂紙研磨時鐘外框及數字的部分，使其恢復銀色，呈現光滑質感；時鐘表面則以紅色砂紙輕微磨過中間刻有指針的地方，讓表面呈現灰黑色復古效果。

14 以小蘇打粉洗淨作品後並擦乾，綁上麂皮繩，就完成囉！

no. **10**　　　　難易度　★

愛吃糖的小螞蟻

牙籤不僅可以穿孔洞、打點點，還可以壓出圖案！
點幾個大點點加小點點，小螞蟻的模樣就完成啦！
把片狀寬版的戒指當畫布，一起來壓印出故事味十足的小品插畫！

材料

黏土型銀黏土　7g
（示範作品戒圍：9號，實際製作時請視戒圍大小，自行增減材料分量）

協助用具

牙籤、珠針
便利貼紙
吹風機
濕紙巾

作法

1 先決定要配戴戒指的手指，並以戒圍紙卡測量該指指圍。考量銀黏土燒成後整體大小會收縮，厚1.5mm、寬5至10mm的戒指在製作時，尺寸需加大4號。（以示範作品戒圍9號為例，製作時則需以13號戒圍製作。）

2 將加大4號後的戒圍紙卡洞平放套進木芯棒，以鉛筆在木芯棒上與紙卡洞相對應處畫線標示記號。

3 在便利貼紙上以鉛筆畫一條中心線，把中心線對準木芯棒上的鉛筆記號將便利貼緊繞一圈黏緊，以作為製作戒指時的紙襯。（便利貼有黏性的一端，請勿直接黏貼於木芯棒上，以免之後無法取下！）

4 以紙條或線，測量該戒圍一圈的長度，以便作為擀片狀時，長度的依據。（如果一圈長6cm，片狀總長度請加長1至2 cm。）

5 將黏土型銀黏土先搓成粗條狀、粗細略有不同無妨，長度接近步驟❹測量的戒圍長度。緊接著，以塑膠滾輪及1.5mm的壓克力尺，隔著烘焙紙將條狀土擀平成1.5mm的片狀。

6 將步驟❺的片狀土橫向擺放，使用牙籤的尖端和尾端在片狀中間，壓印出大中小接連的三個點點，形成螞蟻的身體（大點代表腹部、中點代表頭部、小點代表上身）。

7 以珠針刻畫細小的線條如螞蟻的觸鬚和腳，並刻上「sugar」字樣，增加畫面的趣味性。（示範圖案中共有兩隻螞蟻和一些代表屑屑的小點點，製作時可自行增減，刻畫不同的故事！）

8 將刻畫好的片狀土背面抹上薄薄的一層水，對準步驟❸紙襯的中心線，將片狀土貼緊紙襯、在木芯棒上繞成一圈；在片狀土交疊處，把多餘的部分以筆刀切除。

9 戒圈接口處抹上一些水，確實讓接口緊密接合後，以吹風機烘乾10至15分鐘。

10 連同紙襯將烘乾的戒圈褪下木芯棒，再次以吹風機烘乾戒圈內圈約5分鐘。

11 將紙襯取下，以筆刀挖取剩餘的銀土、平抹在戒圈接口處，使其平整、沒有縫隙。

12 再次烘乾修補處約5分鐘。

13 戒圈兩側邊維持自然不規則狀，不需以銼刀磨平。作品以濕紙巾輕拭平整。戒指內圈不可過度修整或以濕紙巾擦拭，以免戒圍尺寸改變。

14 待作品完全乾燥，以瓦斯爐燒製8至15分鐘。

15 作品冷卻後，將戒指套入戒圍鋼棒，以橡膠槌敲整戒圈，使戒指內圈成正圓形。

16 以鋼刷刷除白色結晶，將作品整個硫化變黑，再洗淨、擦乾。

17 戒指表面以紅色海綿砂紙研磨成帶有髮絲線的霧面質感；為了配戴的舒適性，戒指內圈，則依序以紅、綠海綿砂紙、瑪瑙刀仔細研磨成光滑鏡面，再以小蘇打粉洗淨作品，擦乾後即完成。

小相框

片狀加條狀……
簡簡單單的相框造型，很適合新手嘗試！

材料

黏土型銀黏土　7g

16吋銀鍊　1條

小照片　1張

協助用具

紙卡（10×10cm／約0.5mm厚）

珠針、養樂多小吸管

AB膠

吹風機

濕紙巾

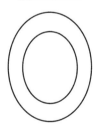

作法

1 先將橢圓紙型描繪到紙卡上，再依鉛筆線切割下來，同時，將內圈小橢圓形挖空、形成橢圓紙框後，備用。

2 以塑膠滾輪及1mm的壓克力厚尺，隔著烘焙紙將黏土型銀黏土擀平成1mm的片狀；將步驟❶的橢圓紙框置於片狀土上，依紙框外輪廓切割出橢圓片，接著，以珠針依紙框內圈輕輕刻畫線條。以濕紙巾覆蓋保濕，置於一旁，備用。

3 把步驟❷切剩下的銀土加一點水揉捏，恢復濕度和柔軟後，搓成2mm粗、約7至8cm長的細條狀。

4 條狀土上薄薄地抹一些水後，依著步驟❷橢圓片上珠針所刻畫的小橢圓內框線條的外圍環繞一圈，並黏牢於橢圓片上；環繞條狀土時，起點及終點請收在小橢圓片的正上方，多餘的條狀土則切除；接口處抹水黏緊。

5 趁銀土未乾，以珠針在步驟❸的條狀土框上戳小點點作為裝飾花紋。

6 以吹風機烘乾10至15分鐘後，以銼刀修整外形，成正橢圓形。

7 以剩餘的銀土搓成粗2至3mm、長2cm的條狀，條狀的形狀從中間較胖往兩端漸細。

8 將步驟❼的細條銀土一端先黏於步驟❺的橢圓片正上方的背面，再往前繞過養樂多小吸管，捲成一圈，蓋過橢圓條狀框的收口處，形成墜子掛環。

9 以吹風機烘乾5至10分鐘後，再以濕紙巾擦拭整件作品，使表面光滑平整。

10 作品完全乾燥後，以瓦斯爐燒製8至15分鐘。

11 作品冷卻後，以鋼刷刷除白色結晶，再將作品整個硫化變黑。

12 洗淨、擦乾作品，再依序用以紅、綠海綿砂紙將整件作品研磨成光滑質感。

13 以小蘇打粉洗淨作品後，擦乾。

14 將喜愛的照片比照小橢圓紙型再略小1mm裁剪；調和ＡＢ膠後，塗抹於照片背面，並黏入項墜內框，待乾。

15 銀鍊穿入墜子鉤環即完成。

no. **12**

難易度　★

義大利麵量麵器

不需要木芯棒，也可以作戒指！
造型特殊的量麵器造型戒指，當成墜子配戴也趣味十足！

材料

黏土型銀黏土　7g

（示範作品戒圍：5號，實際製作時，請視戒圍
大小自行增減材料分量）

協助用具

紙卡（10×10cm／約0.5mm厚）

一般吸管

養樂多小吸管

珠針

數字印章

吹風機

濕紙巾

原寸圖

2〜3mm

作法

1 先決定要配戴戒指的手指，並以戒圍紙卡測量該指指圍。考量銀黏土燒成後整體大小會收縮，厚2mm、寬2至3mm的戒指在製作時，尺寸需加大3號。（以示範作品戒圍5號為例，製作時則需以8號戒圍製作之。）

2 將加大3號後的戒圍紙卡洞平放在卡紙上，以鉛筆描繪下戒圍圓圈。

3 再將量麵器圖案對應步驟❷的戒圍圓圈、轉描繪到紙卡上（請依個人戒圍大小，調整量麵器圖案大小，以免戒圍的部分過細或過寬。），再依鉛筆線切割下來，戒圍的部分挖空，備用。

4 將兩份1mm的壓克力厚尺重疊，以塑膠滾輪，隔著烘焙紙將黏土型銀黏土擀平成2mm的片狀。將步驟❸的紙型放到擀好的片狀土上，以筆刀依著紙型外圍，將片狀土切割成量麵器造型，同時挖空戒圍。

5 接著，以一般吸管和養樂多小吸管由戒圍這端往外依序在量麵器上壓印挖鑿出一大一小兩個圓孔。

6 以數字印章在量麵器上的三個圓孔（兩個吸管孔洞和一個戒圍洞）旁，分別蓋印數字1、2、3。

7 在戒圍旁以珠針刻上「pasta measure」字樣。

8 以吹風機烘乾10至15分鐘後，再以銼刀修整戒指側邊不平整或弧度不對的地方，戒圍內圈稍作修整即可，不可大肆修磨，導致戒圍尺寸變大。

9 以濕紙巾輕拭作品表面，使其光滑平整。

10 待作品完全乾燥，以瓦斯爐燒製8至15分鐘。

11 作品冷卻後，將戒指套入戒圍鋼棒，以橡膠槌敲整戒圍，使戒指內圈成正圓形。

12 以鋼刷刷除白色結晶，將作品整個硫化變黑，再洗淨、擦乾。

13 整個戒指依序以紅、綠海綿砂紙仔細研磨至表面光滑；戒指內圈則拋光成鏡面。

14 以小蘇打粉洗淨作品，擦乾後即完成。

陽光南瓜

除了徒手捏塑，試著以不同的工具，
來塑造、模擬喜愛的事物！

材料

黏土型銀黏土　7g
插入環（小）　1個
銀圈（中）　1個
16吋銀鍊　1條

協助用具

珠針
黏土雕塑工具
吹風機
濕紙巾

作法

1 先捏一點點銀黏土，搓成南瓜的蒂梗，並以珠針刻畫一條條細紋，再以濕紙巾覆蓋保濕，置於一旁，備用。

2 將剩餘的銀黏土先捏塑成扁圓球形，以黏土雕塑工具在扁圓球身壓印5至6道凹痕，形成南瓜的造型。

3 在南瓜球的頂端抹水黏上步驟❶的蒂梗，同時在蒂梗邊，斜插入插入環。（請參閱P.23）

4 以吹風機烘乾20至25分鐘以上，待作品完全乾燥，以瓦斯爐燒製8至15分鐘。

5 作品冷卻後，以鋼刷刷除白色結晶，再將作品整個硫化變黑。

6 洗淨、擦乾作品，以紅色海綿砂紙將整件作品稍作研磨，讓表面呈現粗曠的質感。

7 以小蘇打粉洗淨作品後，擦乾。

8 中銀圈鉤入插入環內，再穿上銀鍊，就完成囉！

no. **14**　　　　　　難易度　★★

魚

以圓弧的握柄頭，在銀黏土上壓印出猶如傳統工匠鍛敲形成的小鑿痕，
讓作品表面呈現不同的紋理和光澤。

材料

黏土型銀黏土　8g
膏狀型銀黏土　少許
插入環（大）　1個
鋼絲項圈　1個

協助用具

牙籤、珠針
吹風機
濕紙巾

作法

1　先取約1/5的黏土型銀黏土，以塑膠滾輪及1mm的壓克力厚尺，隔著烘焙紙將銀土擀平成1mm的片狀。

2　以筆刀切割出約1×0.8cm，形狀如寬「V」字形的魚尾鰭，並以珠針在上面刻畫線條。

3　將剩餘的銀土搓成粗1至8mm、長6cm、如魚形的條狀，較粗的一端為魚頭、尖細的一端為魚尾，在魚頭中心埋入大插入環；埋入方法與一般插入環相同，惟此種大插入環可直接穿入銀鍊，所以，安裝時請注意圈圈的方向！（請參閱P.23）

4　以牙籤在魚頭的位置，戳出魚眼並刻畫魚鰓線條。

5　從魚鰓起到魚尾處，以銼刀握柄的圓弧柄端在整個魚身上壓印滿淺淺的凹槽，使表面呈現魚鱗般的紋理。

6　魚尾背面抹一點水，緊黏在步驟 ❷ 的尾鰭上。

7　烘乾15至20分鐘後，作品以濕紙巾輕拭、修整。

8　從作品背面以膏狀型銀黏土補強魚尾和尾鰭黏接處，再以吹風機烘乾5至10分鐘。

9　作品完全乾燥後，以瓦斯爐燒製8至15分鐘。

10　待作品冷卻，以鋼刷刷除白色結晶，使作品呈現霧面效果。

11　鋼絲項圈直接穿過大插入環後即完成。

no. **15** 難易度 ★★

A gift for you

原寸圖

條狀的戒指是最最基礎的技法！
利用吸管支撐、變換一下纏繞的方式，
就能完成這款甜美的戒指。

材料

黏土型銀黏土　7g

（示範作品戒圍：13號，實際製作時請視戒圍大
小，自行調整材料分量）

膏狀型銀黏土　少許

協助用具

一般吸管
便利貼紙
牙籤、珠針
吹風機

作法

1　先決定要配戴戒指的手指，並以戒圍紙卡測量該指指圍。考量銀黏土燒成後整體大小會收縮，2至3mm細條狀的戒指在製作時，尺寸需加大3號。（以示範作品戒圍13號為例，製作時則需以16號戒圍製作之。）

2　將加大3號後的戒圍紙卡洞平放套進木芯棒，以鉛筆在木芯棒上與紙卡洞相對應處畫線標示記號。

3　在便利貼紙上以鉛筆畫一條中心線，把中心線對準木芯棒上的鉛筆記號將便利貼緊緊繞一圈黏緊，以作為製作戒指時的紙襯。（便利貼有黏性的一端，請勿直接黏貼於木芯棒上，以免之後無法取下！）

4　以紙條或線，測量該戒圍一圈的長度，以便作為搓條狀時的長度依據。（如果一圈長6cm，條狀總長度請加長1至2cm，以免繞上木芯棒時，因條狀的厚度縮減了長度，導致無法繞成一圈。）

5　將黏土型銀黏土約略分成兩等份，先取其中一份搓成2至3mm細長條，直到所需的長度。

6　在條狀土上抹上薄薄的一點水，依著紙襯的中心線，將土條繞上木芯棒形成一圈，在條狀交疊的地方，以筆刀切除多餘的條狀土；接口處抹上一些水，讓接口處的銀土緊密黏合後，以吹風機烘乾5至10分鐘。

7　連同紙襯一起將烘乾的戒圈褪下木芯棒，再以吹風機烘乾戒指內圈約5分鐘。

8　將紙襯取下，以銼刀修整戒圈（戒指內圈不可過度修磨，以免戒圍尺寸變大）。

9　接著，以另一份銀土搓2至3mm細長條，長度約8至10cm。利用吸管支撐，由吸管下方往左側斜上、跨過吸管，再斜下往回繞至右側，交錯繞出對稱且立體的8字形，切掉多餘的條狀土，固定好交接處後，吹風機烘乾5至10分鐘。

10　小心地取下吸管，以銼刀修整好8字蝴蝶結後，以膏狀型銀黏土將蝴蝶結固定在戒圈的接口處。

11　再搓粗細2至3mm、約長3cm的條狀，前後向繞過蝴蝶結正中心，以包覆並固定蝴蝶結和戒圈，再次烘乾5至10分鐘。

12　以剩餘的銀土，擀成1mm薄片，依圖型切割成小吊卡狀，以牙籤鑽出吊卡的孔洞、珠針刻字後，烘乾5分鐘。

13　在蝴蝶結旁的戒圈上，以膏狀型銀黏土黏牢小吊卡，再烘乾5分鐘。

14　整個戒指修整完成、完全乾燥後，以瓦斯爐燒製8至15分鐘。

15　待作品冷卻，將戒指套入戒圍鋼棒，以橡膠槌敲整戒圈，使戒指內圈成正圓形。

16　再以鋼刷刷除白色結晶，並將小吊卡的局部硫化變黑。

17　洗淨硫磺、擦乾作品，依序以紅、綠海綿砂紙仔細研磨作品。

18　以小蘇打粉洗淨作品並擦乾。

19　最後以瑪瑙刀拋光整件作品，就完成囉！

no. **16**　　　難易度　★★

森林裡的寶物

利用搓揉和捏塑，作出立體的造型，
短短胖胖的是橡果、瘦長一點的是松果！
試著以手邊的工具模擬出果實的紋路，
大自然裡的萬物，就是設計時最好的啟發。

材料

黏土型銀黏土　10g
插入環（小）　2個
銀圈（小）　3個
16吋銀鍊　1條
18吋銀鍊　1條

協助用具

尖嘴鑷子
牙籤
吹風機
濕紙巾

作法

1 將黏土型銀黏土約略分成兩等份，可參考天然橡果的圖片，先將其中一份銀土搓揉成圓胖的球狀。

2 球狀的上半部稍微壓寬扁，作為橡果的殼斗；下半部底端的中心處，沾黏小小一粒銀土並且收尖，形成橡果果實的樣貌。

3 趁銀土未乾，將小插入環埋入上半部殼斗的中心點，再以牙籤在殼斗的部分戳滿小點點後，以吹風機烘乾15分鐘。

4 接著，請參考天然松果的圖片，以另一份銀土來製作松果，搓揉的形狀為長橢圓形，由胖逐漸往底部略微地縮小、收尖。

5 在松果的頂部中心點處，埋入插入環。（請參閱P.23）

6 趁銀土未乾，將鑷子的尖嘴略開插入銀土，再併攏鑷子，使其在銀土表面夾出「V」字形花紋。由松果頂端往底部一圈一圈、一層一層交錯夾出許多「V」字形後，以牙籤在每一個「V」字花紋的尖端處戳一個小點，形成松果的樣貌後，以吹風機烘乾15分鐘。

7 兩顆果子都乾燥定型後，以銼刀、濕紙巾略微修整表面，以防有突出的尖刺或粒粒，在燒成後容易刮傷皮膚或勾壞衣服。

8 立體的果實，中心不容易乾燥，請拉長乾燥的時間，確認作品完全乾燥後，再以瓦斯爐燒製8至15分鐘。

9 待作品冷卻，以鋼刷刷除白色結晶，將作品完全硫化變黑後，洗淨、擦乾。

10 以紅色海綿砂紙仔細研磨作品，讓作品表面呈現霧銀的效果。

11 以小蘇打粉洗淨並擦乾。

12 將16吋銀鍊的釦頭取下不用，釦環直接鉤入18吋的釦頭，組成兩端開放、長短不一的長鍊。依個人身材修剪銀鍊長度後，在適中的位置，以小銀圈鉤住兩條銀鍊，形成「X」字鍊。

13 最後，兩端鍊子分別鉤入小銀圈及松果和橡果，就完成囉！

no. **17**

難易度　★★

貓頭鷹

看似繁複困難的貓頭鷹造型，
運用擀平、搓揉和捏塑等基礎技巧就可用完成喔！

材料

黏土型銀黏土　7g
插入環（小）　1個
C型環　1個
皮繩或銀鍊　1條

協助用具

珍珠奶茶吸管＆一般吸管
牙籤、珠針
點線器（可以牙籤代替）
吹風機
濕紙巾

作法

1 先以塑膠滾輪及1mm的壓克力厚尺，隔著烘焙紙將黏土型銀黏土擀平成1mm的片狀。。。

2 分別以珍珠奶茶吸管＆一般吸管從步驟❶的片狀土上壓印切出兩大兩小，共四個圓片。

3 將兩個較小的圓片分別黏貼於兩個較大的圓片上作為貓頭鷹的大眼眶。黏貼時，小圓片背面可抹一點水，以便能緊密黏貼；小圓片黏貼的位置，可依照書中的示範作品，也可依自己喜好的位置來黏貼，讓貓頭鷹的眼眶看向不同的方向。

4 以牙籤尾端在步驟❸完成的眼眶圓片上壓印眼珠位置、壓印的深度約1mm。同樣地，壓印眼珠的位置，可依照書中的示範作品（也可依自己的喜好位置來壓印，使貓頭鷹的眼睛看向不同的方向，也有不同的表情）。完成眼睛的部分後，先以濕紙巾覆蓋保濕，置於一旁備用。

5 將吸管切剩下的銀土加一點水揉捏、恢復濕度和柔軟度後，捏一點點土來搓成小水滴狀，水滴尖端朝下作為貓頭鷹的嘴喙。同樣地，以濕紙巾覆蓋保濕，先置於一旁備用。

6 將全部剩餘的銀土，先在烘焙紙上搓揉成橢圓球，手指沾水從橢圓球中心往外圍四周下壓慢慢塑造成正面凸起、背面貼平烘焙紙的蛋面橢圓形，作為貓頭鷹的身體。

7 趁銀土未乾，在頭頂置中的位置，平平地插入插入環。

8 距離頭頂約1/3的位置處，以兩根食指左右對應，同時地將銀土輕微下壓，形成放置眼睛圓片的凹槽。在凹槽處抹一些水，將步驟4的眼睛圓片左右各一地黏貼在凹槽處。

9 將步驟❺的嘴喙抹一點水，黏點在兩個眼睛的中間。

10 以珠針在貓頭鷹的頭頂及下半身的週圍刻畫密集的線條，作出羽毛的紋路。

11 以點線器，在貓頭鷹的腹部壓印放射狀的點點，這個步驟也可以牙籤的尖端戳點點代替。

12 以吹風機烘乾15至20分鐘。

13 以銼刀修整邊緣不平整的地方，以及珠針刻畫時推起的小土粒。再以濕紙巾輕拭作品的光滑面，如眼睛、嘴喙，以及作品背面。

14 完全乾燥後，以瓦斯爐燒製8至15分鐘。

15 待作品冷卻，以鋼刷刷除白色結晶，將作品整個硫化變黑。

16 洗淨硫磺、擦乾作品後，依序以紅、綠海綿砂紙仔細研磨整件作品，使眼睛、嘴喙和背面呈光滑鏡面，其餘的部分保持粗黑色效果。

17 以小蘇打粉洗淨作品後，擦乾。

18 將C型環鉤入插入環內，穿入銀鍊或皮繩後即完成。

no. **18**　　　　難易度　★★

少女花環

以針筒型銀黏土將隨手塗鴉的花朵作成鏤空的銀飾。
也可以試著自己塗鴉看看！

材料

針筒型銀黏土　10g
膏狀型銀黏土　10g
銀圈（特大）　2個
C型環　6個
蕾絲織帶（寬1.5cm／長50cm，項圈）　2條
蕾絲織帶（寬1cm／長60至80cm，手環）　1條

協助用具

灰色針頭
吹風機

作法

1　先以鉛筆將花朵圖案轉描到烘焙紙上。

2　針筒型銀黏土套上灰色針頭，再依著花朵圖案的鉛筆線一筆到底、不間斷地擠出線條，形成一朵鏤空的花。（擠針筒型銀黏土時，針頭不可貼著烘焙紙，以免擠出的銀黏土過於扁細，容易斷裂。）

3　吹風機烘乾5至10分鐘後，以膏狀型銀黏土在花朵的背面補強線條交錯的各個接點，再烘乾5至10分鐘。

4　重複步驟❶至❸，依序完成六朵鏤空的花。

5　作品完全乾燥後，以瓦斯爐燒製8至15分鐘。

6　待作品冷卻，以鋼刷刷除白色結晶，讓作品呈現霧面質感。

7　以C型環串連起五朵花，兩端鉤上特大銀圈，分別穿入較寬的蕾絲織帶，完成項鍊；配戴時，將蕾絲緞帶在頸後綁個蝴蝶結即可。

8　剩下的一朵花，以較細的蕾絲織帶分別從左右兩邊鏤空花瓣內往外穿出、反摺織帶繞成一圈，並在花朵旁綁上蝴蝶結，即完成手環。

原寸圖（項鍊用）

  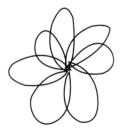  

原寸圖（手環用）

no. **19**　　　難易度　★★

ㄅㄆㄇ

試著以膏狀型銀黏土在作品表面沾出不同的紋理，
讓作品有不一樣的質感！

材料

〈a〉ㄅㄆㄇㄈ（項鍊）
黏土型銀黏土　10g
膏狀型銀黏土　10g
銀圈（中）　2個
16吋銀鍊　2條

〈b〉ㄅ～ㄌ（手鍊）
黏土型銀黏土　5g
銀圈（小）　8個
銀圈（大）　2個
16吋銀鍊　1條
銀手鍊　1條

協助用具

紙卡（A4尺寸／約0.5mm厚）
牙籤、珠針
吹風機、濕紙巾

顏寸圖（手鍊用）

ㄅㄆㄇㄈ
ㄉㄊㄋㄌ

項鍊款所使用的字母請放大167%

a作法（項鍊款）

1. 先將ㄅㄆㄇㄈ字形一一描繪到紙卡上，再依鉛筆線將各字形分別切割下來，備用。

2. 先以塑膠滾輪及1.5mm的壓克力厚尺，隔著烘焙紙將黏土型銀黏土擀平成1.5mm的片狀。

3. 將步驟❶的字形放到擀好的片狀土上，以筆刀依著字形外圍，將銀黏土切割出ㄅㄆㄇㄈ四個注音符號。

4. 將四個字母略為歪斜、由左到右，抹水黏貼成一排，並在ㄅ的左上角及ㄈ的右上角，以牙籤分別各鑽一個孔洞。

5. 以吹風機烘乾10至15分鐘，以便定型。

6. 以膏狀型銀黏土從作品背面補平各個符號的連接點；正面則以筆刷沾取膏狀土以沾、點的方式將膏狀土佈滿表面，讓表面呈現凹凸不平的紋理。

7. 再烘乾5至10分鐘，以銼刀修整側邊及背面不平整處。

8. 待作品完全乾燥，以瓦斯爐燒製8至15分鐘。

9. 作品冷卻後，以鋼刷刷除白色結晶，表面呈現霧面效果。

10. 兩側孔洞分別鉤上中銀圈，分別穿入銀鍊即完成。

b作法（手鍊款）

1. 先將ㄅ～ㄌ8個字形一一描繪到紙卡上，再依鉛筆線將各字形分別切割下來，備用。

2. 先以塑膠滾輪及1.5mm的壓克力厚尺，隔著烘焙紙將黏土型銀黏土擀平成1.5mm的片狀。

3. 將步驟❶的字形放到擀好的片狀土上，以珠針依著字形外圍，將銀黏土切割出ㄅ～ㄌ共八個注音符號。

4. 以牙籤分別在八個字母上方，各鑽一個孔洞。

5. 以吹風機烘乾10至15分鐘。

6. 銼刀修整不平整處，再以濕紙巾擦拭，使表面光滑。

7. 待作品完全乾燥，以瓦斯爐燒製8至15分鐘。

8. 作品冷卻後，以鋼刷刷除白色結晶，依序以紅、綠海綿砂紙仔細研磨每個注音符號，再以瑪瑙刀拋光成鏡面效果。

9. 以小蘇打粉洗淨作品後，擦乾。

10. 16吋銀鍊剪成3cm或4cm短鍊，共十條。

11. 小銀圈各別鉤入八個注音符號的孔洞，再分別鉤上短鍊；十條短鍊全部一起鉤入大銀圈；兩個大銀圈相鉤，再鉤上銀手鍊，即完成囉！

Talking Bubbles

頑皮又帶點童心的造型做成了別針，
別在衣服上、帽子上、包包上，都很吸引目光哦！

材料

黏土型銀黏土〈a〉5g〈b、c〉各7g
膏狀型銀黏土　少許
蝶型胸針　各1個

協助用具

紙卡（10×10cm／約0.5mm厚）
珠針
吹風機
濕紙巾

作法

1　先將對話框圖案紙型描繪到紙卡上，再依鉛筆線切割下來，備用。

2　以塑膠滾輪及重疊兩份1mm的壓克力厚尺，隔著烘焙紙將黏土型銀黏土擀平成2mm的片狀。

3　將步驟❶的紙型放到擀好的片狀土上，以筆刀依著紙型外圍，將銀黏土切割出對話框。

4　以珠針在對話框中間，刻畫喜愛的詞彙或表情圖案等。

5　以吹風機烘乾10至15分鐘後，以銼刀修整對話框側邊不整齊處，並將切齊的直角修成圓弧狀。珠針刻畫時，推起的小土粒也要修磨掉。

6　於作品背面、中間偏上欲安裝胸針的位置處，以銼刀挖鑿出大小及深度都1mm略大於針座的圓洞，把針座平放入洞中，以膏狀土覆蓋填平。

7　吹風機烘乾5至10分鐘，整體再以濕紙巾輕拭，使表面光滑平整。

8　待作品完全乾燥，以瓦斯爐燒製8至15分鐘。

9　作品冷卻後，以鋼刷刷除白色結晶，再將作品整個硫化變黑。

10　洗淨、擦乾作品，以紅色海綿砂紙仔細研磨整件作品，使表面呈現髮絲線霧面質感。

11　以小蘇打粉洗淨作品後，擦乾即完成。

原寸圖

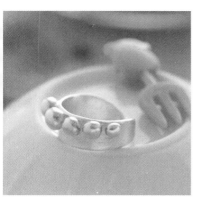

豌豆莢

豌豆莢為戒圈、圓圓的豌豆裝飾其上……
完成的豌豆戒指光澤閃閃，意外的引人注目！

材料

黏土型銀黏土　7g

（示範作品戒圍：13號，實際製作時請視戒圍大
小，自行調整材料分量）

膏狀型銀黏土　少許

協助用具

紙卡（20×20cm／約0.5mm厚）

便利貼紙

吹風機、濕紙巾

原寸圖

外側

作法

1 先決定要配戴戒指的手指，並以戒圍紙卡測量該指指圍。考量銀黏土燒成後整體大小會收縮，厚1.5mm、寬5至10mm的片狀戒指在製作時，尺寸需加大4號。（以示範作品戒圍13號為例，製作時則需以17號戒圍製作之。）

2 將加大4號後的戒圍紙卡洞平放套進木芯棒，以鉛筆在木芯棒上相對應處畫線做記號。

3 在便利貼紙上以鉛筆畫一條中心線，把中心線對準木芯棒上的鉛筆記號，將便利貼緊緊繞一圈並黏緊，以作為製作戒指時的紙襯。（便利貼有黏性的一端，請勿直接黏貼於木芯棒上，以免之後無法取下！）

4 以紙條或線，測量該戒圍一圈的長度，以便作為擀片狀時長度的依據。（如果一圈長6cm，片狀總長度請加長1至1.5cm。）

5 將豌豆莢圖型描繪到紙卡上，並依步驟❹所測量的戒圈長度來調整豆莢長度，再依鉛筆線切割下來，備用。

6 將黏土型銀黏土先搓成長條狀，接著以塑膠滾輪及1.5mm的壓克力厚尺，隔著烘焙紙將條狀土擀平成1.5mm的片狀。

7 依照步驟❺的紙型，切割出碗豆莢的形狀，

8 將豌豆莢形狀的片狀土背面抹上薄薄的一層水，對準步驟❸紙襯的中心線，將片狀土貼緊紙襯、在木芯棒上繞成一圈，多的片狀土即豆莢頭和豆莢尾，直接交疊抹水黏緊後，以吹風機烘乾10分鐘。

9 連同紙襯將烘乾的戒圈褪下木芯棒，再次以吹風機烘乾戒圈內圈，約5分鐘。

10 以銼刀和濕紙巾修整戒面，備用。

11 把步驟❼切剩餘的銀土加一點水揉捏，恢復濕度和柔軟後，分別搓成大到小共五顆小圓球，並依序將5顆圓球以膏狀土黏牢固定於步驟❿的戒圈正面上、靠近豆莢外側處。

12 以吹風機烘乾15至20分鐘，待作品完全乾燥後，以瓦斯爐燒製8至15分鐘。

13 作品冷卻後，以鋼刷刷除白色結晶，表面呈現霧面質感；為了配戴的舒適性，戒指內圈則依序以紅、綠海綿砂紙及瑪瑙刀研磨成光滑鏡面。

14 以小蘇打粉洗淨作品後，擦乾即完成。

小雪人先生

鑲寶石並不難！
只要平穩地壓入銀黏土中、略低於表面1mm，
燒成後，就會漂亮的鑲嵌在作品上囉！

材料

黏土型銀黏土　7g
圓形切割白鋯石（3mm）　2個
銀圈（中）　1個
16吋銀鍊　1條

協助用具

紙卡（10×10cm／約0.5mm厚）
牙籤、珠針
紙膠帶
吹風機
濕紙巾

原寸圖

作法

1 先將小雪人紙型描繪到紙卡上，再依鉛筆線切割下來，備用。

2 以塑膠滾輪及重疊兩份1.5mm的壓克力厚尺，隔著烘焙紙將銀黏土擀平成3mm的片狀。

3 將步驟❶的紙型放到擀好的片狀土上，以筆刀依著紙型外圍，將銀黏土切割出小雪人的身型。

4 依序在小雪人的下半身、鈕釦的位置處，埋入兩顆寶石（請參閱P.25）。

5 接著以珠針刻畫小雪人的帽子，並以牙籤戳出眼睛；同時在帽子的中心、距離邊緣1至2mm處以牙籤鑽孔；再以濕紙巾覆蓋保濕，先置於一旁備用。

6 把步驟❸切剩的銀土加一點水，揉捏、恢復濕度和柔軟後，捏一點土，搓成小胡蘿蔔狀，並以珠針在上頭刻畫些線條，抹一些水緊黏在小雪人的臉上，當作鼻子。

7 剩餘的銀土則搓成長水滴狀，也抹一些水緊黏在小雪人的脖子上，當作圍巾。圍巾上以珠針戳小點點作為裝飾花紋。

8 以吹風機烘乾20至25分鐘。

9 以銼刀修整側邊不整齊的地方，並以濕紙巾輕拭作品，使其光滑平整後，再次烘乾10至15分鐘。

10 作品完全乾燥後，確認寶石上無沾黏銀土，以瓦斯爐燒製8至15分鐘。

11 待作品冷卻，將寶石分別以紙膠帶黏貼覆蓋後，再以鋼刷刷除白色結晶，以防止寶石面刮傷受損。

12 將作品硫化變黑，洗淨、擦乾後，再次把寶石以紙膠帶黏貼覆蓋，才以紅、綠海綿砂紙將整件作品研磨成光滑質感。

13 以小蘇打粉洗淨作品後，擦乾。

14 最後以中銀圈鉤入帽子上的孔洞，穿入銀鍊即完成。

提花籐籃

以吸管輕鬆製作可愛的小花吧！
試著以手感揉捏的方式製作籐籃，讓作品的線條更溫柔！

材料

黏土型銀黏土　7g
膏狀型銀黏土　少許
銀圈（中）　3個
16吋銀鍊　2條

協助用具

一般吸管
養樂多小吸管
牙籤
吹風機
濕紙巾

作法 a

1 將一般吸管及養樂多小吸管以筆刀切割出2mm缺口。

2 將黏土型銀黏土分成兩等份。以塑膠滾輪及1mm的壓克力厚尺先將其中一份銀土，隔著烘焙紙擀平成1mm的片狀。

3 以步驟❶的吸管，在片狀土上壓印花瓣、約四或五個相連花瓣形成一朵花片，將花瓣稍微立起，並搓揉成小圓球，抹水緊黏於花心的位置，形成立體小花。重複此步驟，各別使用大、小吸管完成一大、兩小共三朵花；大花的一片花瓣上，請以牙籤鑽一個掛孔。三朵花置於一旁晾乾，備用。

4 步驟❸剩餘的銀土加入另一份銀土，一同加點水揉捏，恢復濕度和柔軟後，再將整塊銀土分為4/5&1/5。

5 4/5的銀土直接以手揉捏成略方的半圓形片狀、厚度約1至2mm，成為籐籃的籃子部分，以牙籤在表面刻畫短橫線，表現出籐籃編織的質感。

6 1/5的銀土則搓揉成2條1mm的細長條，再交互纏繞成麻花狀；長度切成約2cm，並且彎成「C」形，作為籐籃提把。

7 將步驟❻的提把兩端抹水，置中緊黏於步驟❺的籃子背面，組合成籐籃；同時於步驟❸的兩朵小花背面抹水沾黏於籐籃與左邊提把的交界處。

8 全部銀黏土物件以吹風機烘乾10至15分鐘後，從作品背面以膏狀型銀黏土補強小花、提把、籃子等各個物件的連接點。

9 再次烘乾5至10分鐘，即可以銼刀修磨籐籃及大花不平整的地方，並以濕紙巾輕拭表面，使表面光滑。

10 作品完全乾燥後，以瓦斯爐燒製8至15分鐘。

11 待作品冷卻，以鋼刷刷除白色結晶後，將籐籃的部分硫化成古銅色，呈現復古質感，即可洗淨硫磺、擦乾作品。

12 依序以紅、綠海綿砂紙仔細研磨三朵花成光滑質感，再以小蘇打粉洗淨作品並擦乾。

13 將準備的兩條銀鍊去掉釦頭，以中銀圈接成一條長鍊，並依個人喜好修剪銀鍊長度。

14 以另一個中銀圈鉤住銀鍊一端及籐籃提把；長銀鍊的另一端從籐籃正面往後穿過籐籃提把，再用一個中銀圈鉤住大花和銀鍊，形成Y字鍊即可。

no.**24**　　　　　　　　難易度 ★★★

含苞玫瑰

不喜歡太過精雕細琢、花瓣層疊的玫瑰花嗎？
那麼，試著作看看這簡約又不失古典的玫瑰造型吧！

材料

黏土型銀黏土　5g
耳針　1對

協助用具

珠針
吹風機
濕紙巾

作法

1 將耳針預備埋入銀黏土的一端2至3mm處，整圈以銼刀輕輕銼磨出齒痕，形成不光滑面後備用。（請參閱P.24）

2 將銀黏土先分成兩等份，各為2.5g，取其中一份再分成四等份，取1/4揉成半圓形球狀，以珠針在上頭由外圍往中心刻畫交錯的Ａ字形，使半圓球形成玫瑰花苞，再以濕紙巾覆蓋保濕，置於一旁備用。

3 其餘三塊1/4等份銀土分別搓成粗2mm、約長1cm的彎月型條狀。將三個彎月形條狀抹水交錯圍繞在步驟❶的半圓形花苞周圍，形成一朵玫瑰花。

4 趁銀土未乾，在玫瑰花背面、中上的位置，將耳針插入深2至3mm。（請參閱P.24）

5 吹風機烘乾10至15分鐘。

6 重複步驟❶到❹，將另一份2.5g銀土作成一樣的玫瑰花，安裝耳針後，同樣烘乾10至15分鐘。

7 以濕紙巾擦拭作品，使表面光滑。

8 待作品完全乾燥，以瓦斯爐燒製8至15分鐘。

9 作品冷卻後，以鋼刷刷除白色結晶，再將作品整個硫化變黑。

10 洗淨、擦乾作品，依序以紅、綠海綿砂紙仔細地研磨整件作品，再以瑪瑙刀拋光成鏡面效果。

11 以小蘇打粉洗淨作品後，擦乾後即完成。

no. **25**　　　　　難易度　★★★★

西洋梨

一點也不想變成西洋梨身材，但是西洋梨的造型飾品可就超喜愛啦！
不耐高溫火燒的綠色寶石，就以寶石台座來鑲嵌吧！
光芒閃閃的綠色寶石，讓葉片更加耀眼！

材料

黏土型銀黏土　7g
膏狀型銀黏土　少許
綠色馬眼寶石（8×4）　2個
純銀馬眼寶石嵌用台座B（8×4）　2個
純銀夾式耳環　1副

協助用具

吹風機
濕紙巾

作法

1 將黏土型銀黏土分成兩等份，先將其中一份捏塑成形狀如西洋梨的蛋面造型，上下長度約2cm，最寬處約1.2至1.5cm，厚度約2至3mm。

2 趁銀土未乾，將馬眼寶石嵌用台座由右向左斜插入西洋梨的頂端，作為西洋梨的葉子。（請參閱P.25）

3 重複步驟 ❶ & ❷，將另一份銀土，也塑成蛋面西洋梨造型，改由左向右斜插入馬眼寶石嵌用台座，形成兩相對稱的耳飾。兩個西洋梨的造型不完全相同無妨！

4 以吹風機烘乾10至15分鐘。

5 在兩個西洋梨的背面，分別以膏狀型銀黏土安裝並固定夾式耳環的耳夾座。（請參閱P.24）

6 再次烘乾5至10分鐘後，以濕紙巾輕拭整件作品，使表面光滑平整。

7 完全乾燥後，以瓦斯爐燒製8至15分鐘。

8 待作品冷卻，以鋼刷刷除白色結晶，讓作品呈現霧面質感。

9 將兩顆綠色馬眼寶石分別嵌入寶石台座內，台座兩端嵌腳往寶石輕壓、卡緊寶石。

10 最後將耳夾金具組裝即完成。

難易度　★★★★

杯子蛋糕

利用針筒型銀黏土搭配不同粗細的針頭，
作出各種擠花效果，以模擬蛋糕的製作！
完成後的小墜飾搭配活動鎖圈，
可隨心情或穿著選擇一個或全部鉤在手鍊上。

原寸圖

共用材料

黏土型銀黏土　7g
針筒型銀黏土　10g
銀圈（中）　4個
活動鎖圈　4個
銀手鍊　1條

個別材料

b
鋼粒銀　4至5粒
c
花銀中目　少許
黃金色寶石（4mm）　1個
d
圓形切割海藍寶石（3mm）　3個

協助用具

針頭A藍色（細口）　1個
針頭B綠色（中口）　3個
紙卡（10×10cm／約0.5mm厚）
牙籤
紙膠帶
吹風機

作法

1 以筆刀將一個綠色針頭切掉前端約長3mm後，壓扁針口，備用，再將另一個綠色針頭切掉前端約3mm後，針口切「V」字形成奶油花嘴。

2 將杯子蛋糕的圖案紙型描繪到紙卡上，再依鉛筆線切割下來。

3 以塑膠滾輪及1mm的壓克力厚尺，隔著烘焙紙將黏土型銀黏土擀平成1mm的片狀後，將步驟❷的紙型放到片狀土上，再以筆刀依著紙型外圍切割銀土。

4 拿起牙籤（尖端朝向自己），在步驟❸完成的杯子蛋糕底胚的下半部壓印皺摺，形成蛋糕的紙杯。

5 重複步驟❸&❹，依序完成四個杯子蛋糕底胚。

6 開始以針筒型銀黏土及各別材料，在底胚上半部製作蛋糕裝飾。

a.以剩餘的銀土捏塑兩片大小約3×4mm、厚1mm的小葉子，並以珠針在上頭刻畫葉脈。葉片背面抹一些水緊黏在杯子蛋糕底胚正上方的中間位置。接著，將針筒型銀黏土套上藍色細口針頭，在底胚上半部，即蛋糕的位置處，擠出捲曲亂紋，針筒土略為覆蓋到葉片和杯子的邊緣無妨。共擠兩層亂紋針筒土，以營造厚度。

b.針筒土套上步驟❶的扁口綠色針頭，從杯子邊緣由左至右、橫向擠出扁平的針筒土，每擠出長達2mm，就反摺擠出皺褶，猶如蛋糕的奶油花。趁針筒土未乾，在蛋糕上方黏放四到五粒鋼粒銀。

c.針筒土套上步驟❶的奶油花嘴色中口針頭，從杯子邊緣往上、一層一層、由左至右擠出橫條，共擠兩層針筒細條，以營造厚度。趁針筒土未乾，在蛋糕上方灑上些許花銀，並在中間偏左上角位置，以針筒土鑲嵌黃金色合成寶石（請參閱P.25）。

d.針筒土套上完整的綠色中口針頭，從蛋糕上方邊緣處往杯子邊緣，直向來回不停斷地擠出細橫條，共擠兩層針筒細條，以營造厚度。在蛋糕上方置中位置以針筒土鑲嵌三顆海藍寶石（請參閱P.25）。

7 四個杯子蛋糕皆裝飾完成後，以吹風機烘乾10至15分鐘。

8 避開葉片、鋼粒銀、寶石等裝飾，以鑽頭夾鉗組一一在蛋糕上方、距離邊緣2mm處鑽孔。再以銼刀修磨側邊不平整的地方。

9 作品完全乾燥後，確認寶石上無沾黏上銀土，再以瓦斯爐燒製8至15分鐘。

10 待作品冷卻，作品c&d上鑲嵌的寶石先以紙膠帶黏貼覆蓋，所有作品再一同以鋼刷刷除白色結晶，呈現霧面質感。

11 四個杯子蛋糕造型墜飾一一鉤上中銀圈及活動鎖圈，再鉤上銀手鍊，就完成囉！

no. **27**

難易度 ★★★★

復古吊燈

鑲珍珠的飾品不一定老氣,學會了鑲嵌的技巧後,
試著想想還能將珍珠設計成什麼造型的飾品吧!

材料

黏土型銀黏土　7g
膏狀型銀黏土　少許
純銀線（粗0.8mm／長1cm）　2根
淡水珍珠（半穴）　2個
銀圈（小）　4個
銀圈（特大）　2個
銀鍊（2.5cm）　2段
耳鉤　1對

協助用具

牙籤
養樂多小吸管
AB膠
吹風機
濕紙巾

作法

1 在兩根銀線的一端約長2至3mm的一小段處,以銼刀輕銼出齒紋,備用。

2 黏土型銀黏土分成四等份,先將其中一份銀土搓成長1cm、粗5mm的圓條狀,把步驟❶的銀線有齒紋的一端插入圓條狀銀土橫切面的中心,插入深度2至3mm。於條狀土另一端距離邊緣1至2mm處,則以牙籤橫穿出孔洞後,再以吹風機烘乾5至10分鐘。

3 再取一份1/4等份的銀土,重複步驟❷。

4 將剩餘的兩份銀土分別以塑膠滾輪及1mm的壓克力厚尺,隔著烘焙紙擀平成1mm的片狀,再切成直徑1.5cm的正圓形。

5 在兩個圓片的正中心,以養樂多小吸管壓穿出約5mm直徑的孔洞後,分別套入步驟❷&❸條狀土的1/2處,以膏狀型銀黏土固定並補強圓片和條狀連接的地方,烘乾5至10分鐘定型,形成老式燈罩的造型。

6 以銼刀和濕紙巾修整作品邊緣和表面及上端的孔洞。

7 作品完全乾燥後,以瓦斯爐燒製8至15分鐘。

8 作品冷卻後,以鋼刷刷除白色結晶,使表面呈現霧面質感。

9 將銀線依珍珠洞穴的深度修剪成適當的長度。

10 調和AB膠,抹在銀線上,再把珍珠套入銀線,待乾。

11 把特大銀圈鉤入吊燈上端的孔洞;銀鍊兩端鉤上小銀圈,一端鉤入特大銀圈,一端鉤耳鉤;重複此步驟,完成一對耳環。

泡泡澎球

利用砂布及膏狀型銀黏土來製作如澎澎球的立體造型吧！

材料

膏狀型銀黏土　10g
SV9字針（0.8mm ∅）　2個
純銀線（粗0.8mm／長5cm）　2根
純銀線（粗1mm／長10cm）　2根
耳鉤　1對

協助用具

醫療包紮純棉紗布（2×15cm）　4片
白色手縫線10cm　2段
吹風機

作法

1 將紗布兩片上下對齊疊好，置於烘焙紙上。

2 挖取一些膏狀型銀黏土到水碟中，以2：1的比例與水調和。

3 以筆刷沾取調和過的膏狀型銀黏土塗抹在步驟❶的紗布上，正反兩面都塗滿後，等膏狀土稍乾，將整片紗布抓皺褶，將15cm的長邊收成一小疊，以手縫線從2cm寬度的中間綁緊，調整紗布的各個皺摺，使其如沐浴澎澎球狀。

4 吹風機烘乾5至10分鐘，讓紗布球定型。

5 將SV9字針，插入紗布球中心，繼續以膏狀土塗刷紗布球並固定SV9字針。每塗刷完一遍，烘乾5至10分鐘。重複此步驟直至看不出紗布的網紋

6 將紗布球外圍較尖刺的鬚鬚修磨掉。

7 重複步驟❶到❻，將另兩片紗布製作成紗布球。

8 作品完全乾燥後，以瓦斯爐燒製8至15分鐘。

9 作品冷卻後，以鋼刷刷除白色結晶，使表面呈現霧面質感。

10 分別將長10cm、粗1mm的純銀線對半彎成水滴型後，鉤入澎球上的SV9字針。銀線頂端5mm處，將兩根銀線交錯扭轉，再分別以0.8mm粗的純銀線纏繞固定，並同時鉤入耳鉤，就完成囉！

魔女的掃帚

練習以針筒狀銀黏土從黏土狀銀黏土向外延伸、變換造型！

材料

黏土型銀黏土　5g
針筒型銀黏土　5g
膏狀型銀黏土　少許
插入環（小）　2個
銀圈（小）　2個
16吋銀鍊　1條

協助用具

牙籤
點線器
綠色針頭
吹風機
濕紙巾

作法

1 將黏土型銀黏土分成兩等份，其中一份搓成粗2至3mm、長3cm的條狀，一端粗、一端尖細，作為掃帚柄；粗的一端埋入插入環，備用。

2 將步驟 ❶ 的條狀土平放在烘焙紙上；針筒型銀黏土套上綠色針頭，從條狀土尖細的一端往外呈扇狀方向，一一擠出線條，線條長度約2至2.5cm，重複此步驟，堆疊針筒線條，形成掃帚鬚。

3 以吹風機烘乾5至10分鐘後，再以銼刀輕修掃帚鬚過長或尖刺的地方，以濕紙巾輕拭，讓每根鬚摸起來圓潤、不刮手。再烘乾5分鐘。

4 將另一份黏土型銀黏土，以塑膠滾輪及1mm的壓克力厚尺，隔著烘焙紙將黏土型銀黏土擀平成1mm的片狀。

5 切割片狀土成長方形，長度可包覆掃帚一圈即可；接著以牙籤及點線器在長方片上壓印花紋及縫線紋，裝飾長方片成一塊花布造型。

6 趁銀土未乾，將步驟 ❺ 的長方片，傾斜布角由掃帚正面往背面包覆在步驟 ❷ 掃帚柄與掃帚鬚的交接處，長方片最後交疊收在掃帚背面。

7 烘乾5至10分鐘。

8 掃帚橫向擺放，在右上角、掃帚鬚的背面，以膏狀土安裝另一個插入環，並且烘乾。

9 筆刷沾取膏狀土在掃帚柄上同向塗抹拉出一條條紋路，使膏狀土接近樹枝表面的紋理。

10 作品完全乾燥後，以瓦斯爐燒製8至15分鐘。

11 待作品冷卻後，以鋼刷刷除白色結晶，再將作品整個硫化至表面呈現古銅或藍綠的色澤，即可洗淨作品並擦乾。

12 依序以紅、綠海綿砂紙稍微研磨掃帚柄及掃帚鬚、花布則維持硫化的特殊顏色，讓作品呈現復古質感。

13 將小銀圈分別鉤入插入環，再鉤上銀鍊即完成。

no.**30**　　　難易度　★★★★

蘋果樹

鑲嵌寶石的飾品不一定只能流於艷麗，即便是較為老氣的紅寶石，
也能以溫暖可愛的方式呈現。

材料

黏土型銀黏土　7g
膏狀型銀黏土　少許
裡付鉤頭　1個
圓形切割紅寶石（3mm）　3個
16吋銀鍊　1條

協助用具

珠針
紙膠帶
吹風機
濕紙巾

作法

1 先將黏土型銀黏土分成4/5＆1/5兩份。

2 先將1/5的銀土搓揉成1至4mm由一端細到一端粗的條狀、長度約1cm為樹幹，以食指和大拇指將條狀由上往下捏壓成三角錐狀，並以珠針在上頭刻畫線條，呈現樹皮表面；樹幹粗的一端以筆刀斜切出一個平面後，以濕紙巾覆蓋保濕，先置於一旁備用。

3 將4/5的那一份銀土搓揉成2×2cm的蛋面圓形，中間最厚的部分約3至4mm厚。

4 將步驟❷的樹幹背面抹水，如示範作品的位置，黏貼在步驟❸的銀土上。

5 在喜愛的位置，將3顆圓形切割紅寶石埋入蛋面圓形銀土上（請參閱P.25）。

6 以珠針在每個紅寶石上方刻畫蒂梗和葉片。

7 以吹風機烘乾定型15至20分鐘。

8 在樹的背面中間上方、距離邊緣2mm處，以膏狀型銀黏土安裝裡付鉤頭（請參閱P.23）。

9 再次烘乾5至10分鐘後，以濕紙巾輕拭作品，使表面光滑平整。

10 作品完全乾燥後，確認寶石上無沾黏上銀土，以瓦斯爐燒製8至15分鐘。

11 待作品冷卻後，將紅寶石個別以紙膠帶黏貼覆蓋，再以鋼刷刷除白色結晶，以防止寶石面刮傷受損。

12 將作品硫化變黑，洗淨、擦乾後，再次把紅寶石以紙膠帶黏貼覆蓋，才以紅、綠海綿砂紙將整件作品研磨成光滑質感。

13 以小蘇打粉洗淨作品並擦乾，再將銀鍊穿過裡付鉤頭即完成。

no. **31**　　　　難易度　★★★★★

檸檬樹

同樣製作果樹，換一種結合素材，就有不同的樣貌！

材料

黏土型銀黏土　7g

膏狀型銀黏土　少許

裡付鉤頭　1個

銀線（粗0.8mm／長1cm）　3根

染色黃玉圓珠（單穴／6mm）　3個

16吋銀鍊　1條

協助用具

珠針

吹風機

濕紙巾

AB膠

作法

1　在3根銀線的一端約2至3mm長的一小段處，以銼刀輕銼出齒紋，備用。

2　把黏土型銀黏土分成3/5&2/5兩份。

3　從2/5的那份銀土捏一點來搓揉製作大小約3×3mm、厚度1mm的小樹葉，共需3片；葉片上面以珠針刻畫葉脈。接著，將其餘的銀土搓揉成1至4mm由一端細到一端粗的條狀、長度約1.5cm，以食指和大拇指將條狀由上往下捺壓成三角錐狀的樹幹，並以珠針在上頭刻畫線條，呈現樹皮表面；樹幹粗的一端以筆刀斜切出一個平面。完成後，樹葉和樹枝以濕紙巾覆蓋保濕，置於一旁，備用。

4　將步驟❷中3/5的那一份銀土搓揉成長2.5cm、寬1.5cm，中間最厚的部分約厚3至4mm的蛋面橢圓形。

5　將步驟❸的樹幹背面抹水，如示範作品的位置，黏貼在步驟❹的銀土上。

6　在喜愛的位置，將步驟❶的3根銀線有齒紋的一端插入蛋面橢圓形銀土，插入深度2至3mm。

7　將步驟❸的3片樹葉背面抹水黏貼在3根銀線旁，黏貼的位置需距離銀線約2mm，以免燒成之後欲安裝珠珠時，會擋到珠珠。

8　以吹風機烘乾定型15至20分鐘。

9　在樹的背面中間上方、距離邊緣2mm處，以膏狀型銀黏土安裝裡付鉤頭（請參閱P.23），安裝時，注意不要動到正面的銀線！

10　再烘乾5至10分鐘，以濕紙巾輕拭作品，使表面光滑平整。

11　作品完全乾燥後，以瓦斯爐燒製8至15分鐘。

12　待作品冷卻後，以鋼刷刷除白色結晶，再將作品硫化變黑。

13　洗淨、擦乾作品，再依序用以紅、綠海綿砂紙將作品表面研磨成光滑質感。

14　以小蘇打粉洗淨作品後，擦乾。

15　依照染色黃玉圓珠洞穴的深度，將銀線修剪成剛好的長度。

16　調和AB膠，抹在銀線上，再把圓珠套入銀線，待乾。

17　最後將銀鍊穿過裡付鉤頭即完成。

no. **32**　　　難易度　★★★★★

花間小鳥

插入環只能當墜子的鉤環嗎？不不不！
捏塑隻小鳥包覆在上頭、插在喜愛的位置上，方便又穩固！
這個作品還要練習以雕刻筆刻出繁複、大面積的花紋。
細緻的刻紋，能讓作品的質感更加提升！

材料

黏土型銀黏土　14g
（示範作品戒圍：13號，實際製作時請視戒圍大小，自行調整材料分量）

膏狀型銀黏土　少許
插入環（小）　1個

協助用具

雕刻筆、便利貼紙
珠針、吹風機、濕紙巾

作法

1 先決定要配戴戒指的手指，並以戒圍紙卡測量該指指圍。考量銀黏土燒成後整體大小會收縮，寬0.5至1cm的粗條狀戒指在製作時，尺寸需加大4號。（以示範作品戒圍13號為例，製作時則需以17號戒圍製作之。）

2 將加大4號後的戒圍紙卡洞平放套進木芯棒，以鉛筆在木芯棒上相對應處畫線標示記號。

3 在便利貼紙上以鉛筆畫一條中心線，把中心線對準木芯棒上的鉛筆記號將便利貼緊緊繞一圈黏緊，以作為製作戒指時的紙襯。（便利貼有黏性的一端，請勿直接黏貼於木芯棒上，以免之後無法取下！）

4 以紙條或線，測量該戒圍一圈的長度，以便作為搓條狀時，長度的依據。（如果一圈長6cm，條狀總長度請加長1至2cm，以免繞上木芯棒時，因條狀的厚度縮減長度，導致無法繞成一圈。）

5 先取一小塊土，包覆在插入環的環狀部位，並揉捏成小鳥的造型，頭部兩側再以珠針戳點出小鳥的眼睛。

6 以吹風機烘乾5至10分鐘後，以濕紙巾修整表面，置於一旁放乾，備用。

7 剩餘的銀土先搓成粗2至10mm，中間胖往兩端漸細的條狀，再略為壓扁，成為扁圓形條狀。

8 在條狀土背面薄薄地抹上一點水，依著紙襯的中心線，將土條繞上木芯棒形成一圈，在條狀交疊的地方，以筆刀切除多餘的條狀土。接口處抹上一些水，確實讓接口緊密接合。

9 趁步驟❽的戒圈銀土未乾，將步驟❻完成的插入環小鳥，插入戒面中間偏旁的位置。小鳥的腹部需貼緊戒面。

10 以吹風機烘乾15至20分鐘。

11 連同紙襯將烘乾的戒圈褪下木芯棒，再次以吹風機烘乾戒圈內圈約5至10分鐘。

12 以膏狀土補強戒圈接口處，及小鳥與戒面的連接處，再烘乾5分鐘。

13 先以鉛筆在戒面上畫滿各種小花或草葉的圖案，再以雕刻筆一一刻畫出清楚的線條。

14 整個戒指修整完成、完全乾燥後，以瓦斯爐燒製8至15分鐘。

15 待作品冷卻，將戒指套入戒圍鋼棒，避開小鳥的部分，以橡膠槌敲整戒圈，使戒指內圈成正圓形。

16 再以鋼刷刷除白色結晶，並將作品硫化變黑。

17 洗淨硫磺、擦乾作品後依序以紅、綠海綿砂紙、瑪瑙刀拋光小鳥及戒指內圈；戒面則以紅色砂紙研磨成霧面質感。

18 最後，以小蘇打粉洗淨作品，擦乾後即完成。

no. **33**

難易度 ★★★★★

童話小屋

可愛的木屋造型，加上鈴鐺的功能，清脆的叮叮聲，讓銀飾變有趣！

材料

黏土型銀黏土　15g
膏狀型銀黏土　少許
9字針　1根
C型環　1個
皮繩項圈　1條

協助用具

珍珠奶茶吸管
養樂多小吸管
紙卡（10×10cm／厚約0.5mm）
珠針、牙籤
吹風機、濕紙巾

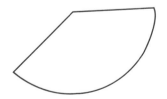
原寸圖（屋頂）

作法

1 先將紙型描繪到紙卡上，再依鉛筆線切割下來，備用。

2 以塑膠滾輪及1mm的壓克力厚尺，隔著烘焙紙將黏土型銀黏土擀平成1mm；再以筆刀切割成寬1.5cm、長6至7cm的片狀後，將片狀土繞上珍珠奶茶吸管圍成一圈，多餘的長度切除，接口處抹水黏緊。

3 趁步驟❷的管狀銀土未乾，在上面以珠針挖空四個1mm正方的小方格作為窗戶；也在窗戶旁以珠針刻畫一扇小木門，搓一粒小銀球黏於木門上，當作門把；使管狀銀土形成屋子的本體。

4 以吹風機烘乾10至15分鐘定型後，將吸管取出，再以銼刀修整。

5 把步驟❷切剩餘的銀土加一點水，揉捏、恢復濕度和柔軟後，以塑膠滾輪及1mm的壓克力厚尺，隔著烘焙紙將銀土擀平成1mm片狀，依照步驟❶的紙型，切割扇形。

6 再將扇型捲成圓錐狀，作為屋頂，並在屋頂尖端以牙籤戳一個小洞後，烘乾10至15分鐘。

7 以膏狀型銀黏土修補屋子本體及屋頂的接口處，直到看不出接縫。同時於屋頂和屋子本體的接合處以膏狀土緊黏牢固，再烘乾5至10分鐘。

8 再次把剩餘的銀土加一點水揉捏，恢復濕度和柔軟後，以塑膠滾輪及1mm的壓克力厚尺，隔著烘焙紙將銀土擀平成1mm片狀。

9 把養樂多小吸管的管口掐成水滴狀，從片狀土上一邊壓印出一片片小水滴，一邊以膏狀土由下往上一層層黏貼於屋頂上，作為屋瓦。全部覆蓋完成約需28至30片小水滴；烘乾10至15分鐘。

10 將剩餘的一點土搓成長3cm的水滴狀，長水滴狀尖端處繞過牙籤成一圈，作為掛孔，烘乾10至15分鐘。

11 以濕紙巾輕拭作品，使其光滑平整。

12 作品完全乾燥後，以瓦斯爐燒製8至15分鐘。

13 待作品冷卻，以鋼刷刷除白色結晶，再將屋子整個硫化至表面呈現金黃或古銅的色澤，即可洗淨、擦乾。

14 以9字針先勾住水滴條狀，針的部分再由屋子內部往屋頂的小洞穿出，穿出的針以圓嘴鉗彎成圓環，鉤入C型環及皮繩即完成。

no. **34**

難易度　★★★★★

水花

如馬賽克拼貼而成的戒指，雖然製作時有點困難，
但拼拼湊湊的方式很有趣，也很隨心所欲！

材料

黏土型銀黏土　　10g

膏狀型銀黏土　　10g

針筒型銀黏土　　5g

圓形切割白鋯石（3/4/5mm）　各1個

圓形切割海藍寶石（3mm）　1個

水滴型海藍寶石（6×4）　3個

（以示範作品戒圍12號為例，製作時則需以16號戒圍
製作之。）

協助用具

便利貼紙

紙膠帶

吹風機

濕紙巾

原寸圖

作法

1 先決定要配戴戒指的手指，並以戒圍紙卡測量該指指圍。考量銀黏土燒成後整體大小會收縮，厚1.5mm、寬5至10mm的片狀戒指在製作時，尺寸需加大4號。（以示範作品戒圍12號為例，製作時則需以16號戒圍製作之。）

2 將加大4號後的戒圍紙卡洞平放套進木芯棒，以鉛筆在木芯棒上相對應處畫線做記號。

3 在便利貼紙上以鉛筆畫一條中心線，把中心線對準木芯棒上的鉛筆記號，將便利貼緊緊繞一圈黏緊，以作為製作戒指時的紙襯。（便利貼有黏性的一端，請勿直接黏貼於木芯棒上，以免之後無法取下！）

4 以黏土型銀黏土依照圖案花紋，製作厚1.5mm、大小不一的圓形及水滴形片狀數個，造型片狀可中空或實心。

5 以馬賽克拼貼的方式，將步驟❹完成的各個小物件一一黏貼到木芯棒的紙襯上，各物件需相連緊黏；同時以針筒狀銀黏土及綠色針頭鑲嵌各個寶石（請參閱P.25），逐漸拼貼形成一圈戒指，拼貼範圍也即戒面寬度為1至1.5cm。

6 拼貼的過程中，可搓揉一些立體的小圓珠和小水滴，黏補於各個物件之間的小空隙。

7 以吹風機烘乾10分鐘。

8 連同紙襯將烘乾的戒圍褪下木芯棒，再次以吹風機烘乾戒圍內圈約5至10分鐘。

9 小心地將紙襯取下，以膏狀型銀黏土從戒指內圈補強每個小物件的連接點，以及步驟❻針筒型銀黏土線條的側面，使其看不出針筒線條層次。

10 再烘乾5至10分鐘，避開寶石，以濕紙巾輕拭平整。

11 待完全乾燥，確認寶石無沾黏銀土，以瓦斯爐燒製8至15分鐘。

12 作品冷卻後，將戒指套入戒圍鋼棒，以橡膠槌敲整戒圍，使戒指內圈成正圓形。

13 接著，將每顆寶石以紙膠帶黏貼覆蓋後，再以鋼刷刷除白色結晶，以防止寶石面刮傷受損！

14 戒指表面呈現霧面質感，為了配戴的舒適性，戒指內圈則依序以紅、綠海綿砂紙及瑪瑙刀拋光成光滑鏡面，

15 以小蘇打粉洗淨作品後，擦乾即完成。

中式糕餅

復古風當道,利用木製的模具來製作獨特的銀飾吧!

材料

黏土型銀黏土　21g

膏狀型銀黏土　少許

皮手環　1個

協助用具

中式糕餅模(小)

樹脂白膠

橄欖油/嬰兒油

吹風機

濕紙巾

作法

1 以2:1的比例將白膠及水調和,再以筆刷沾白膠水塗滿木製中式糕餅模內部後,待乾,再上第二層,完全乾燥後備用。(此步驟可防止銀黏土與木製模具直接接觸,而被木頭的毛細孔卡住,導致無法脫模)。

2 將模具內部抹上橄欖油/嬰兒油,可便於銀黏土拓模完成後脫模。

3 將黏土型銀黏土先預留5g,其餘的銀土以塑膠滾輪及1&1.5mm的壓克力厚尺,隔著烘焙紙將黏土型銀黏土擀平成2.5mm的圓片狀。

4 將圓片土壓入步驟❷的糕餅模具內,手指用力垂直往下壓,以便拓出模具內部的雕刻花紋。

5 吹風機烘乾20至25分鐘後,輕敲模具,把完全乾燥的銀土脫模出來。

6 以預留的5g銀土製作兩個大C型環,C型環厚度1.5mm,環內寬度需1mm大於皮手環的寬度及厚度。

7 以膏狀型銀黏土將步驟❻的兩個大C型環固定於步驟❺圓片狀銀土的背面、靠近邊緣的兩側,作為掛鉤。

8 吹風機烘乾10至15分鐘後,以濕紙巾輕拭、修整作品表面。

9 作品完全乾燥後,以瓦斯爐燒製8至15分鐘。

10 作品冷卻後,以鋼刷刷除白色結晶,將作品整個硫化變黑後,洗淨、擦乾。

11 依序以紅、綠海綿砂紙稍微研磨作品,讓作品表面呈現復古質感。

12 將皮手環穿過背面的大C型環,慢慢調整閉合C型環至卡緊皮手環,即完成囉!

no. 36　　　　難易度　★

德國結餅乾

造型簡單的德國結餅乾，作法也很簡單，
搭配皮繩的完成品散發著獨特的氛圍，
非常適合第一次玩銀黏土的新手喔！

材料

黏土型銀黏土　7g
寬3mm平皮繩　80cm

協助用具

吹風機

作法

1　先在烘焙紙上以鉛筆約略畫出宛如愛心形狀的德國結餅乾樣式，尺寸大小在3x2cm的長方形範圍內。

2　將銀黏土充分揉捏後，搓成約9至10cm的長條，粗細可以略不均勻。接著，依照步驟❶所畫的餅乾樣式環繞成型。餅乾造型中間的交錯處、條狀需相互扭轉纏繞成結。調整好整體形狀後，凡是條狀交疊處皆刷水加強黏牢。

3　趁土未乾，利用鋼刷的刷毛在作品表面上輕拍、扎出宛如餅乾般粗糙的表面紋理。

4　以吹風機烘乾10至15分鐘，使作品完全乾燥。

5　以瓦斯爐燒製8至15分鐘。

6　作品冷卻後，以鋼刷刷除白色結晶。

7　綁上皮繩即完成。

no.**37** 　　　難易度　★

小剪刀

同時運用了片狀與條狀的造型技巧來製作迷你小剪刀，
是生活感及手作感兼具的獨特銀飾。

材料

黏土型銀黏土　5g
耳鉤　1對

協助用具

牙籤
吹風機
濕紙巾

作法

1 將黏土型銀黏土約略分成兩等分。先製作剪子的部分，將其中一份土擀平成1.5mm厚度的片狀，再以筆刀於其上切割深V字形，接著於V字切口外側、左右各切畫弧形，完成剪子的造型。然後，趁銀土未乾，以牙籤於剪子其中一側戳出一個孔洞，以便燒成後掛上耳鉤（剪子的寬度切勿太窄，以免空間不足以用牙籤戳洞）。

2 取另半份銀黏土，重複步驟，製作出第二個剪子。兩個剪子造型不需完全相同，可以一個瘦長、一個胖圓，增添成品活潑感。牙籤孔洞切勿戳在兩把剪子的同一側，以免掛上耳鉤後，剪刀歪向同一邊，而非左右對稱！

3 將兩片剪子烘乾約5至10分鐘後，以銼刀研磨修整邊緣切割處及牙籤孔洞凸起的銀土，再以濕紙巾擦拭整體表面且烘乾。

4 取切割剪子時剩餘的銀黏土加些許水揉捏後，分成兩等分，準備製作剪刀握把。先將其中一份土搓成中間胖、兩側漸細的圓條狀，兩端盡量尖細，方便之後銜接。條狀長度約3至4cm長，若土量過多，可先切起一部分留待之後修補用。將條狀中心黏置於剪子下側，順勢將條狀土兩側向內彎曲，形成握把造型，兩側尖端黏回剪子下側中心、藏於條狀胖胖處後面，並刷水加強黏牢。

5 取另半份銀黏土，重複步驟，製作第二把剪刀。

6 將作品以吹風機烘乾10至15分鐘。

7 以剩餘的土，從作品背面補強剪子與握把交接處。補強時，記得修補處要先刷點水以利黏上銀黏土，利用筆刀或筆刷盡量修順補土處，且不突出外露於作品本體外，避免從作品前方可察見。

8 再次烘乾，且以濕紙巾擦拭作品，使表面光滑平整。

9 作品完全乾燥後，以瓦斯爐燒製8至15分鐘。

10 待作品冷卻，以鋼刷刷除白色結晶，並將作品完全硫化變黑。

11 洗淨硫磺、擦乾作品後，依序以紅、綠海綿砂紙仔細研磨作品。

12 以小蘇打粉洗淨作品並擦乾，再以瑪瑙刀拋光。也可僅以砂紙研磨，呈現粗曠風。在掛孔處分別鉤入耳鉤即完成。

no.**38**　　　　　難易度 ★★

刺蝟先生

一層一層地疊上針筒型銀黏土亂紋、慢慢形成喜愛的澎度，
讓作品有厚度卻又輕巧透光。

材料

黏土型銀黏土　1g
針筒型銀黏土　5g
銀圈（中）　1個
插入環（小）　1個
16吋銀鍊　1條

協助用具

珠針
針頭A藍色（細口）　1個
吹風機
濕紙巾

作法

1　先以**1g**黏土型銀黏土製作刺蝟的頭部，將銀黏土搓成小水滴狀，略微壓扁後，將水滴橫放且將尖端處略微彎曲形成刺蝟的嘴鼻；另一側頭部與身體的銜接處則可再壓扁一點，利於之後與針筒土銜接。接著，以珠針於適當的位置戳一個小孔當作眼睛，也可以刻畫嘴巴、增添表情。

2　吹風機烘乾**5**分鐘後，以銼刀、濕紙巾修整已乾燥的刺蝟頭部備用。

3　將針筒型銀黏土套上藍色細口針頭，準備製作身體。於烘焙紙上約**2x2cm**的橫橢圓範圍內，以針筒土擠上緊密捲曲的亂紋線條為第一層；接著趁針筒土未乾，於正上方置中的位置平放上插入環，並在插入環的梗上擠一坨針筒土，加強黏著（插入環的梗必需完全於針筒土亂紋內，僅外露出環的部分）。同時，於橫橢圓一側放上刺蝟的頭部。

4　繼續以針筒土擠第二層的亂紋線條，線條需蓋過刺蝟頭部與身體的銜接處，一直重複擠針筒亂紋，疊上第三、第四層，直到身體的部分厚度足夠&有澎澎的感覺。

5　以吹風機烘乾**10**分鐘後，檢視針筒土的部分有無凹陷或整個身體形狀不夠滿意處，再擠上亂紋作為補強。

6　作品正面乾燥後，身體背面也以針筒土擠上一層亂紋使背面平整即可，不需要同正面一樣有澎澎的效果。側邊也同樣補上亂紋，使造型完整。

7　完全乾燥後，以瓦斯爐燒製8至15分鐘。

8　作品冷卻後，以鋼刷將作品整體刷除白色結晶。

9　以紅、綠海綿砂紙、瑪瑙刀僅研磨拋光刺蝟頭部。

10　洗淨作品後擦乾。

11　將銀圈鉤入插入環、穿上銀鍊，即完成。

no. **39**

難易度 ★★

貓掌戒

簡單的條狀造型戒指，
加上幾顆小銀珠就有完全不同的風貌。

步驟10圖解

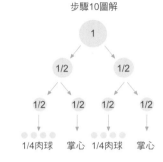

材料

黏土型銀黏土　7g

（示範作品戒圍：10號，實際製作時請視戒圍大小，自行增減材料分量）

協助用具

便利貼紙
吹風機
濕紙巾

作法

1 先決定要配戴戒指的手指，並以戒圍紙卡測量該指指圍。考量銀黏土燒成後整體大小會收縮，2至3mm細條狀的戒指在製作時，尺寸需加大3號！（以示範作品戒圍10號為例，製作時則需以13號戒圍製作。）

2 將加大3號後的戒圍紙卡洞平放套進木芯棒，以鉛筆在木芯棒上與紙卡洞相對應處畫線標示記號。

3 在便利貼紙上以鉛筆畫一條中心線，把中心線對準木芯棒上的鉛筆記號將便利貼緊緊繞一圈黏緊，以作為製作戒指時的紙襯。（便利貼有黏性的一端，請勿直接黏貼於木芯棒上，以免之後無法取下！）

4 以紙條或線，測量該戒圍一圈的長度，以便作為搓條狀時的長度依據。（如果一圈長6cm，條狀總長度請加長2cm，以便繞上木芯棒時形成貓掌交錯環抱的造型。）

5 將黏土型銀黏土充分揉捏後，先取出一粒米粒大小的黏土以保鮮膜及濕紙巾包覆保濕備用，其餘的銀黏土則搓揉成中間等粗、兩端漸漸略胖的長條狀，並將兩端略胖處以手指輕壓成扁圓形。中間等粗的部分為戒圈、兩側略胖的部分則為戒面——貓掌造型處。

6 在條狀土上抹一點水後，條狀中心對準紙襯的中心線，將土條繞上木芯棒形成一圈，使多出的部分延著中心線左右自然地交錯相黏，再以筆刀於兩端胖胖處各切畫四刀，形成貓爪。

7 以吹風機烘乾10分鐘。

8 連同紙襯一起將烘乾的戒圈褪下木芯棒，再次以吹風機烘乾戒指內圈約5分鐘。

9 將紙襯取下，使用銼刀、濕紙巾、砂紙等修整戒圈（戒指內圈不可過度修磨，以免戒圍尺寸變大）。

10 接著將戒指套回木芯棒，取出步驟 **5** 預留的米粒大小的銀黏土分成兩等分，將每一等分再分成1/2，其中1/2再各分成四等分，共分出兩大塊和八小塊後搓成小圓球，以兩個大圓球作為掌心，八個小圓球則作成腳趾上的小肉球（見圖解），且分別以水黏於貓掌上。

11 以吹風機烘乾10分鐘後，以濕紙巾整理修飾小肉球的部分。

12 整個戒指都修整完成、完全乾燥後，以瓦斯爐燒製8至15分鐘。

13 待作品冷卻，將戒指套入戒圍鋼棒，以橡膠槌敲整戒圈，使戒指內圈成正圓形。

14 以鋼刷刷除白色結晶後，依序以紅、綠海綿砂紙、瑪瑙刀仔細研磨戒指內圈及小肉球。其餘部分則維持霧面，宛如貓咪毛茸茸的感覺。

15 以小蘇打粉洗淨作品，擦乾後即完成。

no. **40** 難易度 ★★★

甜蜜巧克力

使用烘焙材料用具行就可以買到的小巧克力模型來製作1:1比例的巧克力，讓只融你口的巧克力，也能變成閃著銀光、宛如小寶石般的墜飾，永恆甜蜜在頸間。

材料

黏土型銀黏土　5g
18吋銀鍊　1條

協助用具

巧克力模型
（本書作品使用水晶巧克力模，單格約2至2.5cm）

橄欖油／嬰兒油
直徑2.5mm的鑽頭及鑽孔工具
吹風機

作法

1 將欲製作的巧克力模型內側薄薄地抹上橄欖油或嬰兒油後備用。

2 視欲製作之巧克力模型的形狀，以塑膠滾輪及1.5mm的壓克力厚尺將黏土型銀黏土擀平成1.5mm厚，接近模型形狀的片狀。例如：製作橢圓形巧克力，需擀出橢圓片；圓形、方形或正三角形的巧克力，則將銀黏土擀成圓片，方便置入巧克力模型中。

3 將步驟❷的片狀土放入步驟❶的模型裡，以手指仔細按壓銀黏土，以確保完整拓印出巧克力各處細節。另外，巧克力側面至少需有4至5mm高度，以利之後鑽孔。

4 連同模型將作品以吹風機烘乾10至15分鐘。輕敲模具、倒扣出已乾燥定型的銀黏土，如果無法輕易取出，可能尚未完全乾燥，請加長烘乾的時間。

5 脫模後以銼刀修齊作品背面，使側邊高度一致，維持至少4至5mm寬。

6 於作品上側約1/3處、左右側邊的中心位置，標註記號。再以鑽孔工具各鑽出一個2.5mm孔洞，作為之後橫向穿掛項鍊所用。這步驟易使作品碎裂，請特別小心。

7 作品完全乾燥後，平面朝下，以瓦斯爐燒製8至15分鐘。

8 作品冷卻後，以鋼刷刷除白色結晶。

9 從側洞橫穿過銀鍊後即完成。

no. **41**

難易度　★★★

拇指麋鹿

以指紋蓋印的拇指畫是孩童時期常玩的遊戲，
將充滿童趣的拇指畫放到銀黏土上來製作，也一樣可愛呢！
而且增添了更豐富且立體的變化，讓作品可愛度破表。

材料

黏土型銀黏土　7g
針筒型銀黏土　1g
紅色合成寶石（3mm）　1個
紅白棉繩　20cm

協助用具

針頭A藍色（細口）　1個
牙籤
吹風機
濕紙巾

作法

1　將7g黏土型銀黏土預留一顆米粒大小的分量，以保鮮膜及濕紙巾覆蓋保濕、先置於一旁備用。其餘的銀黏土以塑膠滾輪及3mm的壓克力厚尺（可重疊2組1.5mm的壓克力厚尺使用），擀平成3mm厚度的橢圓片狀，橢圓片自然成型即可，不需刻意修整成正橢圓形。

2　在擀好的橢圓片狀下半部、距離邊緣約3mm處，以小拇指按壓出一個清晰的指紋作為麋鹿的臉。於指紋下緣、距離橢圓片邊緣2至3mm處，埋入紅色寶石作為麋鹿的紅鼻子（寶石鑲嵌方法請參閱P.25）。

3　接著，以牙籤於指紋上、喜愛的位置戳兩個小孔為眼睛。另外，在橢圓片上側、距離邊緣約3mm處，以牙籤鑽出一個稍大的孔洞，之後穿掛棉繩用。

4　以吹風機烘乾10至15分鐘。

5　以銼刀修整牙籤孔洞突起的土粒，橢圓片側邊不齊或有小裂紋亦可修整或不處理，使其呈現自然手感。避開指紋及寶石，將整個作品尤其是正面，以濕紙巾擦拭至表面平滑再烘乾，以免不必要的紋路太多，而使指紋失去焦點。

6　再次以吹風機烘乾5至10分鐘。

7　取出步驟❶米粒大小的備用銀黏土，分成2等分，各自搓成小水滴狀，再以牙籤於其上按壓出凹痕（牙籤尖端與小水滴尖端同方向）形成麋鹿的耳朵。耳朵背面沾水黏於指紋上方之左右兩側後，烘乾5分鐘。

8　於指紋正上方，也就是麋鹿的頭頂，先以鉛筆約略描繪鹿角的樣式與位置。將針筒型銀黏土套上藍色細口針頭，依著鉛筆線一一擠上針筒土線條。

9　作品完全乾燥後，以瓦斯爐燒製8至15分鐘。

10　待作品冷卻，以鋼刷刷除白色結晶。

11　硫化作品。

12　洗淨硫磺、擦乾作品後，避開寶石及指紋處，以紅、綠海綿砂紙研磨其他地方使墜子本體變回銀色。再以小蘇打粉洗淨作品並擦乾。

13　穿上紅白棉繩後即完成。

國家圖書館出版品預行編目資料

生活感。純銀手作：淨教你作41件有故事、有溫
度的自然風銀飾 / 淨著. -- 二版. -- 新北市：雅書堂
文化, 2015.09
　　面；　公分. -- (Fun手作；32)
ISBN 978-986-302-270-1(平裝)
1.泥工遊玩 2.黏土 3.裝飾品 4.手工藝

999.6　　　　　　　　　104016431

【Fun手作】32

生活感 · 純銀手作

淨教你作41件有故事 · 有溫度的自然風銀飾（暢銷增訂版）
....
作　　者／淨（江雅玲）
發 行 人／詹慶和
總 編 輯／蔡麗玲
專案執行／Fun手作工作室——蘇真
執行編輯／陳姿伶
校　　對／沈薇庭
編　　輯／蔡毓玲 · 劉蕙寧 · 黃璟安 · 白宜平 · 李佳穎
執行美編／周盈汝
美術編輯／陳麗娜 · 翟秀美
攝　　影／數位美學 · 賴光煜
出 版 者／雅書堂文化事業有限公司
發 行 者／雅書堂文化事業有限公司
郵政劃撥帳號／18225950
郵政劃撥戶名／雅書堂文化事業有限公司
地　　址／新北市板橋區板新路206號3樓
電　　話／（02）8952-4078
傳　　真／（02）8952-4084
網　　址／www.elegantbooks.com.tw
電子郵件／elegant.books@msa.hinet.net
....
2015年9月二版一刷　定價 480 元
....
總經銷／朝日文化事業有限公司
進退貨地址／新北市中和區橋安街15巷1號7樓
電話／(02) 2249-7714　傳真／(02) 2249-8715
....